从入门到精通！
钩针编织必备工具书！

超详解钩针编织基础

日本靓丽社　编著

蒋幼幼　译

河南科学技术出版社
· 郑州 ·

CONTENTS

目录

第 3 章

开始编织　27

收尾处理   69

编织作品

第1章 准备篇

开始钩针编织前，首先准备好需要用到的工具和线材。
本章将为大家介绍钩针的种类和其他工具，
以及线的材质、种类、使用方法等。

关于工具

下面介绍钩针编织所需要的针具，以及方便实用的辅助工具。
了解每种工具的用途后，请根据实际需要进行选购。

● 钩针的种类

钩针是前端有钩状针头的编织工具。
钩针有轻金属、竹子、塑料等各种材质，请选择使用方便的钩针。

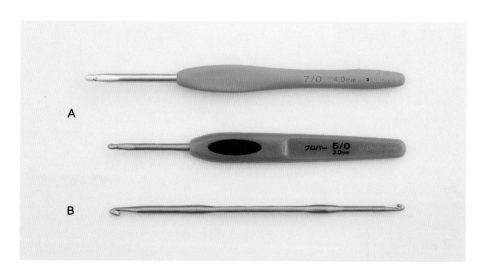

A. 单头钩针

仅一端有钩状针头。此处介绍的是带握柄的单头钩针。

B. 双头钩针

两端均有钩状针头。两端的针号不同，所以1根钩针有2种针号。

● 钩针的针号

钩针的针号分为 2/0~10/0 号、7~20mm。表示针号的数字越大，钩针越粗。根据编织线的粗细和形态选择合适的钩针。

针的粗细
数字表示针轴的直径。

※图中12mm以下的钩针为实物粗细。

针号	针的粗细		针号	针的粗细		针号	针的粗细	
2/0	2.0mm		7.5/0	4.5mm		特大号 10mm	10.0mm	
3/0	2.3mm		8/0	5.0mm		特大号 12mm	12.0mm	
4/0	2.5mm		9/0	5.5mm		特大号 15mm	15.0mm	
5/0	3.0mm		10/0	6.0mm		特大号 20mm	20.0mm	
6/0	3.5mm		特大号 7mm	7.0mm				
7/0	4.0mm		特大号 8mm	8.0mm				

● 方便实用的小工具

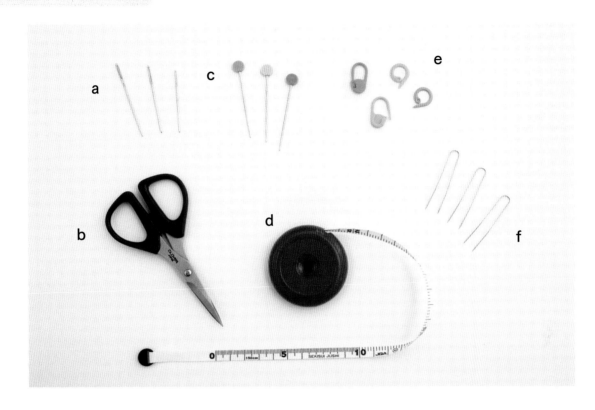

a. 缝针

毛线缝针，针头圆钝，针鼻儿也比较大。
用于织物的接合、缝合、线头处理等。

b. 剪刀

用于剪断编织线等。

c. 编织专用定位针

针体较长、针头圆钝的编织专用定位针。
需将织物固定在一起时使用。

d. 卷尺

用于测量织物的尺寸和编织密度。

e. 行数记号扣

挂在针目上，用作数行数时的标记。也可用作针数的标记。

f. U 形别针

用于将织物固定在熨烫台上。
特点是针体弯曲，更方便熨烫。

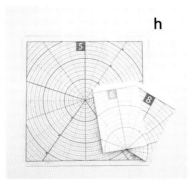

g. 密度尺兼针号卡

测量编织密度时可以一次性数出针数与行数，
插入钩针的针轴就可以测出针号，
是非常方便的编织工具。

h. 蕾丝定型用衬纸

对圆形织物进行熨烫整理等操作时，
衬纸可以用作参照。

关于线材

用于编织的线有各种各样的材质、形态和粗细。
只要改变使用的线，即使同样的编织方法也能呈现出截然不同的效果。

● 线团的种类

线总是被绕成各种形状出售。这里介绍
具有代表性的 2 种形状。

A. 圆柱形

最常见的形状。
从内侧拉出线头后使用。

B. 甜甜圈形

这种形状常见于柔软的线材。
取下标签后使用。

● 线材标签的看法

线材标签上标注了各种信息。掌握标签的看法，在选购时可以作为参考。
另外，保存好标签，方便补线时加以确认。

表示线材的成分。根据材质可以分为夏季用线和冬季用线。

1 团线的重量和长度。

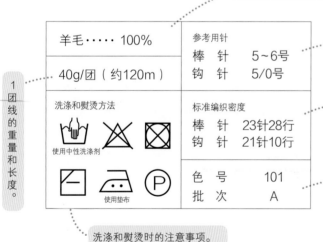

| 羊毛·····100% | 参考用针 |
| 棒　针　5~6号 |
| 钩　针　5/0号 |
| 40g/团（约120m） |
| 洗涤和熨烫方法 | 标准编织密度 |
| 使用中性洗涤剂 | 棒　针　23针28行 |
| 钩　针　21针10行 |
| 使用垫布 | 色　号　101 |
| 批　次　A |

最适合这款线材的针号。

用上面的针号编织时，10cm×
10cm面积内的针数与行数（以
此作为标准）。主要标注了用
棒针编织平针和用钩针编织长针
时的密度。

色号和批次。
※批次是指染色时的缸号。即使
色号相同，不同的批次也会有
轻微的色差。购买时需要注意。

棉线和麻线主要作为夏季
用线使用。

羊毛、羊驼绒、安哥拉兔毛
等成分的毛线主要作为冬季
用线使用。

洗涤和熨烫时的注意事项。

使用中性洗涤剂

水温最高40℃
可手洗
（使用中性洗涤剂）

不可氯漂及氧漂

不可甩干

在阴凉处
平摊晾干

使用垫布

熨斗底板最高
温度为150℃
（使用垫布）

可以用四氯乙烯及
石油类溶剂干洗

● 线的粗细

线越细，针目越细密，织物也越薄；线越粗，针目越粗大，织物也越厚。

※ 此处介绍的粗细是大致的表述，实际用这种描述方式出售的线并不多。
　　另外，不同厂家之间也会有细微的差异。选择线材时，请参考标签上的适用针号。

中细（2/0 ~ 3/0 号针）

粗（3/0 ~ 4/0 号针）

中粗（5/0 ~ 7/0 号针）

极粗（8/0 ~ 10/0 号针）

超级粗（特大号 7~15mm 针）

※ 图片接近实物粗细。

● 线的形态

线的捻合方式和材质有很多种，线的形态不同也会影响织物的效果。

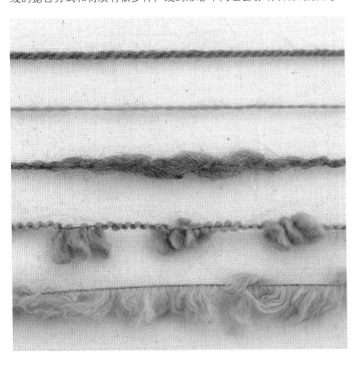

平直毛线
捻合方式统一，粗细均匀，针目平整美观。各种粗细都有，颜色丰富，非常适合细腻的编织花样和配色花样等。

马海毛线
毛纤维较长，织物柔软蓬松。

竹节花式线
线的粗细不均。因为针目大小不一，织物纹理充满变化。

圈圈线
线的表面有不规则的线圈，织物纹理富有变化。

仿皮草线
毛纤维较长，织物呈现毛皮般的效果。

● 拉出线头的方法

开始编织时，如果使用外侧的线头，每次拉线，线团都会滚动，编织起来很不方便。所以，一般都会从内侧拉出线头使用。

圆柱形线团的情况

1　在线团中插入手指。

2　捏住线团中的线头向外拉出。找不到线头时，如图所示向外取出一小团线。

3　从取出的小线团里找出线头，开始编织。

甜甜圈形线团的情况

1　首先取下标签。

2　在线团中插入手指。

3　捏住线头向外拉出。

第 2 章　必备的基础知识

本章整理了编织前必备的基础知识，
简单易懂地讲解了编织图书中常用的术语，以及
制图和编织符号图的看法等。
开始动手编织前，请务必仔细阅读。

关于织物

下面使用基础样片为大家详细介绍各部分的名称和针目情况。

● 织物各部分的名称

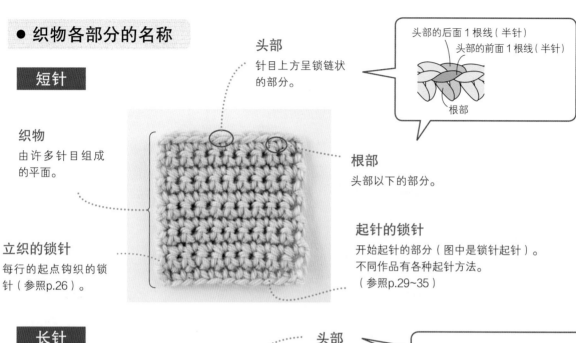

短针

头部
针目上方呈锁链状的部分。

头部的后面1根线（半针）
头部的前面1根线（半针）
根部

织物
由许多针目组成的平面。

根部
头部以下的部分。

立织的锁针
每行的起点钩织的锁针（参照p.26）。

起针的锁针
开始起针的部分（图中是锁针起针）。
不同作品有各种起针方法。
（参照p.29~35）

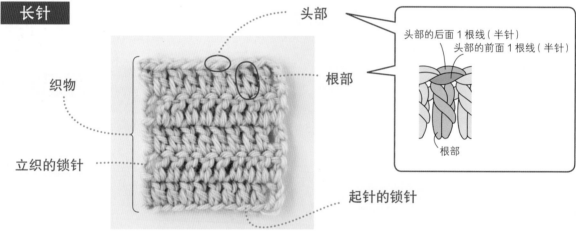

长针

头部

织物

根部

头部的后面1根线（半针）
头部的前面1根线（半针）
根部

立织的锁针

起针的锁针

● 关于1针、1行

为了正确数出针数与行数，先来认识一下1针、1行的针目形状吧。

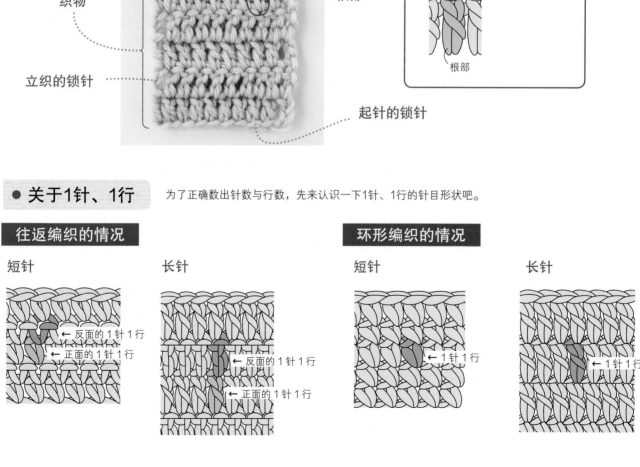

往返编织的情况

短针
← 反面的1针1行
← 正面的1针1行

长针
← 反面的1针1行
← 正面的1针1行

环形编织的情况

短针
← 1针1行

长针
← 1针1行

● 织物的正面和反面

虽然编织符号图表示的是从织物正面看到的状态，但是钩针编织时，符号的钩织方法无论正、反面都是一样的。※只有爆米花针和拉针，正、反面的钩织方法不同（参照p.148、p.150~156）。因此，每行交替看着正、反面编织的"往返编织"与总是看着正面编织的"环形编织"相比，织物表面的纹理不同。

往返编织的情况

往返编织时，因为交替看着正、反面编织，所以针目的排列为1行正面、1行反面。

短针

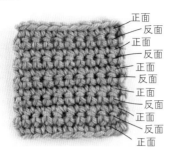

正面
反面
正面
反面
正面
反面
正面
反面
正面
反面
正面

长针

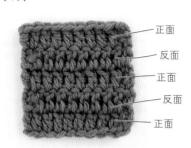

正面
反面
正面
反面
正面

环形编织的情况

环形编织时，因为总是看着一面编织，所以每行针目都是正面（或反面）。

短针

正面

每行都
是正面

反面

每行都
是反面

长针

正面

每行都
是正面

反面

每行都
是反面

从前一行挑针的方法

在挑针和连接织物时，出现"在头部的2根线（全针）里挑针"
"在头部的后面1根线（半针）里挑针"等情况时，分别如箭头所示插入钩针挑针。

在头部的2根线里挑针

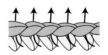

在头部的 2 根线里挑针
钩织短针后的状态

正面

反面

在头部的后面1根线里挑针

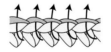

在头部的后面 1 根线里挑针
钩织短针后的状态

正面

反面

头部的前面 1 根线
呈条纹状

在头部的前面1根线里挑针

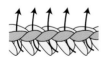

在头部的前面 1 根线里挑针
钩织短针后的状态

正面

反面

头部的后面 1 根线呈
条纹状留在反面

● 针数与行数的数法

※为了便于理解，每行使用了不同颜色的线。

往返编织的情况

短针

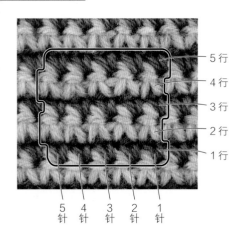

— 5行
— 4行
— 3行
— 2行
— 1行

5 4 3 2 1
针 针 针 针 针

长针

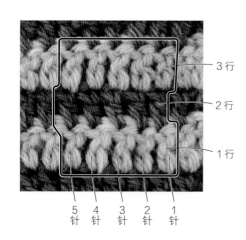

— 3行
— 2行
— 1行

5 4 3 2 1
针 针 针 针 针

环形编织的情况

短针

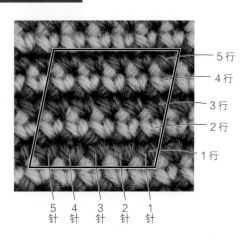

— 5行
— 4行
— 3行
— 2行
— 1行

5 4 3 2 1
针 针 针 针 针

长针

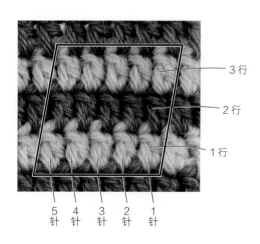

— 3行
— 2行
— 1行

5 4 3 2 1
针 针 针 针 针

根据编织密度推算出针数与行数的方法

尺寸对应的针数与行数，在测量编织密度后可以通过简单的算式推算出来。

例如：

10cm×10cm面积内的密度是15针20行，试试推算 25cm×25cm 面积内的针数与行数吧。

【针数】 15针10cm → 1.5针1cm
25cm × 1.5针 = 37.5 → **38针**

【行数】 20行10cm → 2行1cm
25cm × 2行 = 50 → **50行**

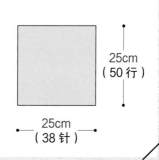

编织密度
（10cm×10cm）
15针20行

25cm
（50行）

25cm
（38针）

关于编织密度

织物的编织密度（gauge）表示 10cm × 10cm 面积内的针数与行数。

编织者手劲儿的大小会影响编织的密度，即使用指定的针线也未必能编织出指定的尺寸。

若想编织出指定的尺寸，务必试编样片后测量密度，调整针号，尽量与标准编织密度吻合。

● 编织密度的测量方法

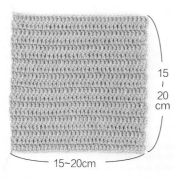

15
~
20
cm

15~20cm

1 按作品相同的编织方法，试编边长 15~20cm 的样片，再用蒸汽熨斗熨烫平整。

要点

样片的边缘部分针目大小不统一，所以要编织得稍微大一点（边长 15~20cm）。织物的宽度大于长度时容易横向拉伸，长度大于宽度时容易纵向拉伸，所以测量密度的样片要编织得尽量接近正方形。

用蒸汽熨斗将针目熨烫平整，测量样片中间针目比较美观的部分。但是严格来说，密度并不固定。请务必多测 2~3 处，最后取其平均值。

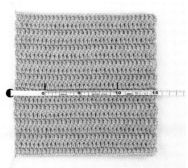

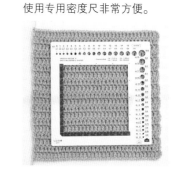

使用专用密度尺非常方便。

2 将样片放在平坦的台面上，数出中间 10cm 内的针数与行数。

与指定编织密度不一样时

调整针号，尽量接近指定的编织密度。

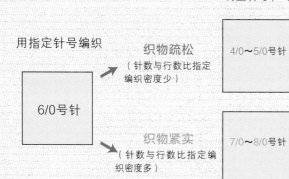

用指定针号编织

6/0号针

织物疏松
（针数与行数比指定编织密度少）

4/0~5/0号针

换成细1~2号的针重新编织。

织物紧实
（针数与行数比指定编织密度多）

7/0~8/0号针

换成粗1~2号的针重新编织。

※编织密度是不能在最初的几行正确测量的。因为从织物的性质来看，钩织2~3行时，织物会横向拉伸变宽，所以务必编织15cm以上的行数后再进行测量。

※初学者即使编织密度一致，中途手劲儿也可能会发生变化，所以编织过程中要时不时地确认一下编织密度。

往返编织和环形编织

每行交替看着织物的正、反面编织，叫作"往返编织"。
总是看着织物的正面（或反面）编织，叫作"环形编织"。

● 往返编织

每织1行就翻转织物，交替看着正、反面编织。
编织符号图中表示编织方向的箭头每行都不同。

编织符号图

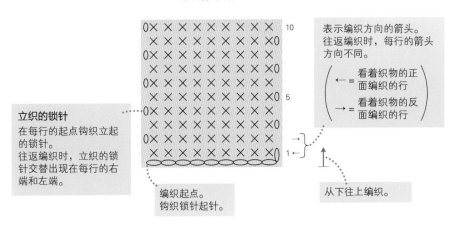

立织的锁针
在每行的起点钩织立起的锁针。
往返编织时，立织的锁针交替出现在每行的右端和左端。

编织起点。
钩织锁针起针。

表示编织方向的箭头。
往返编织时，每行的箭头方向不同。

$\left(\begin{array}{l}← = 看着织物的正面编织的行 \\ → = 看着织物的反面编织的行\end{array}\right)$

从下往上编织。

编织符号的顺序

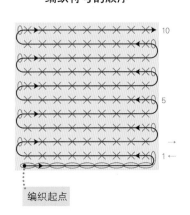

编织起点

● 环形编织　总是看着织物的正面（或反面），每行朝同一个方向编织。

> 根据设计，有时也会做环状的往返编织。

从中心向外编织成圆形的情况

编织成圆筒形的情况

立织的锁针和行末的引拔针
每行结束时，在该行最初的针目里做引拔连接。接着立织下一行的锁针。

从中心向外侧编织。

编织符号图

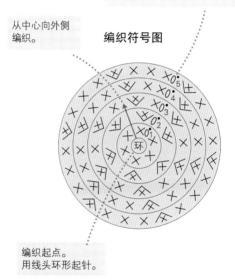

编织起点。
用线头环形起针。

立织的锁针和行末的引拔针
每行结束时，在该行最初的针目里做引拔连接。接着立织下一行的锁针。

编织符号图

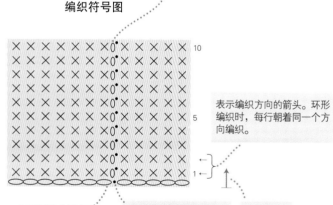

表示编织方向的箭头。环形编织时，每行朝着同一个方向编织。

编织起点。
钩织锁针起针。

钩织所需数量的锁针起针后，在最初的针目里引拔，连接成环形。

从下往上编织。

编织符号的顺序

编织起点

编织符号的顺序

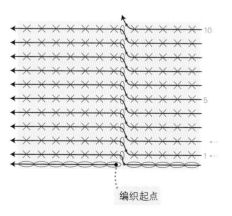

编织起点

常用花样

下面介绍的是钩针编织中常用的基础花样。

● 短针花样

连续钩织短针，针目紧密，织物比较厚实。
往返编织和环形编织会呈现出不一样的效果。

往返编织的情况

编织符号图

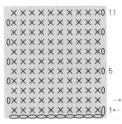

环形编织的情况

编织符号图

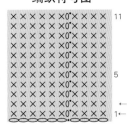

总是看着正面（或反面）环形编织时，立织的针目会逐渐向右上倾斜。这种现象叫作"斜行"。编织者的手劲儿不同，倾斜的程度也会有所差异。

● 长针花样

长针有一定的高度，所以编织得比较快。与短针相比，织物更加轻薄柔软。
与短针一样，往返编织和环形编织会呈现出不一样的效果。

往返编织的情况

编织符号图

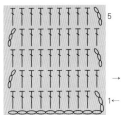

环形编织的情况

编织符号图

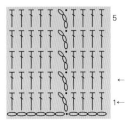

● 方眼针花样

用锁针和长针等钩织的方格花样叫作"方眼针"。调整锁针的针数，或者将1格内的锁针替换成长针，可以衍生出各种变化。

编织符号图

● 网格针花样

类似网眼的花样叫作"网格针"，重复锁针和短针就可以简单地编织完成。特点是可以朝任何方向自由拉伸，很容易变形。

编织符号图

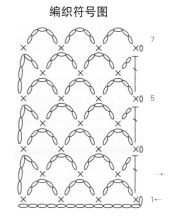

● 松叶针花样

在同一个地方钩入若干针目形成的花样类似松叶的形状，所以叫作"松叶针"。

编织符号图

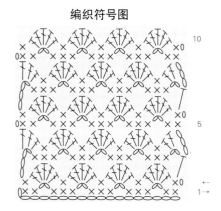

制图和编织符号图的看法

编织图一般用"制图"和"编织符号图"这2种图来表示。
制图是用数字表示尺寸及其对应的针数与行数等。
编织符号图是用针法符号表示织物，而且总是表示从正面看到的状态。

● 制图的看法（以毛衣为例）

注意

书中表示长度且未注明单位的数字均以厘米（cm）为单位。

编织顺序

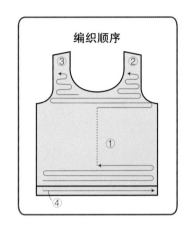

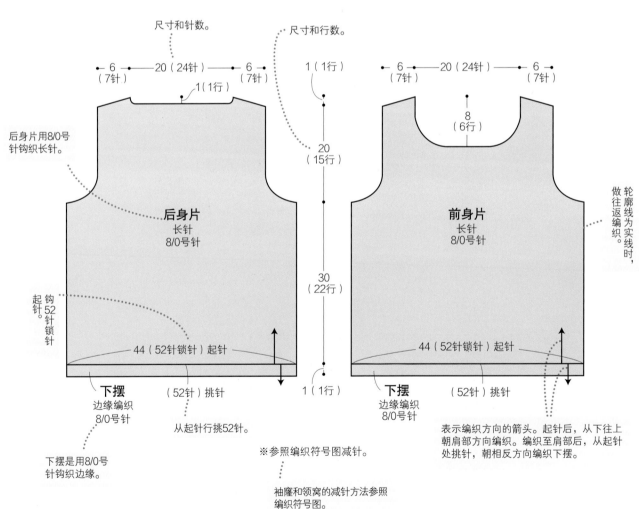

尺寸和针数。

尺寸和行数。

← 6 → ← 20（24针）→ ← 6 →
（7针）　　　　　　　（7针）

1（1行）

1（1行）

← 6 → ← 20（24针）→ ← 6 →
（7针）　　　　　　　（7针）

8
（6行）

后身片用8/0号
针钩织长针。

20
（15行）

后身片
长针
8/0号针

前身片
长针
8/0号针

轮廓线为实线时，做往返编织。

钩织
起针。
起针52针
锁针

30
（22针）

44（52针锁针）起针

44（52针锁针）起针

下摆
边缘编织
8/0号针

（52针）挑针

1（1行）

下摆
边缘编织
8/0号针

（52针）挑针

从起针行挑52针。

下摆是用8/0号
针钩织边缘。

※参照编织符号图减针。

袖窿和领窝的减针方法参照
编织符号图。

表示编织方向的箭头。起针后，从下往上
朝肩部方向编织。编织至肩部后，从起针
处挑针，朝相反方向编织下摆。

● 编织符号图的看法（以毛衣为例） 这是与p.22中的制图对应的编织符号图。

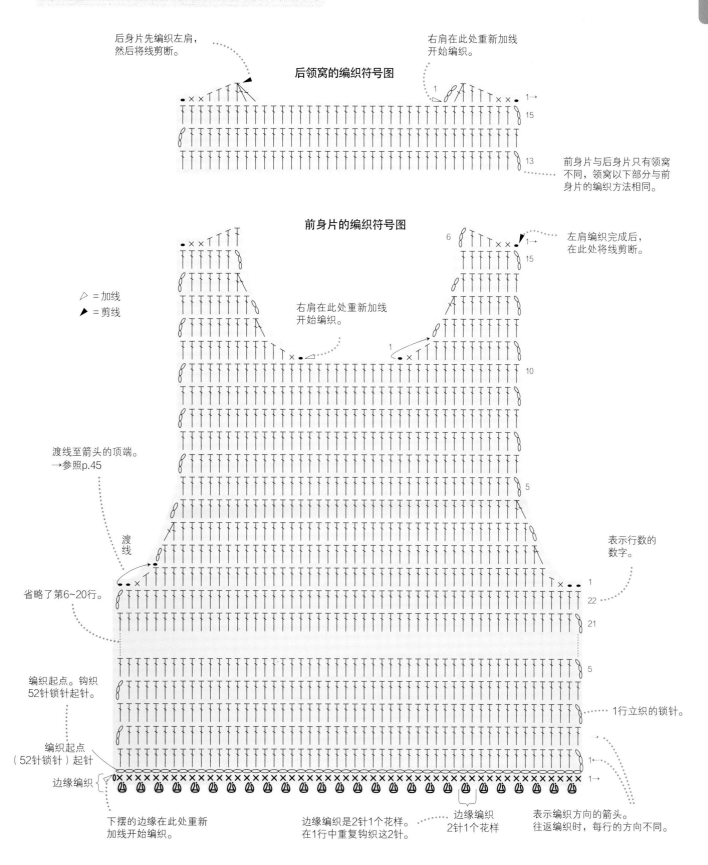

后身片先编织左肩，
然后将线剪断。

右肩在此处重新加线
开始编织。

后领窝的编织符号图

前身片与后身片只有领窝
不同，领窝以下部分与前
身片的编织方法相同。

前身片的编织符号图

左肩编织完成后，
在此处将线剪断。

▷ = 加线
► = 剪线

右肩在此处重新加线
开始编织。

渡线至箭头的顶端。
→参照p.45

表示行数的
数字。

渡
线

省略了第6~20行。

编织起点。钩织
52针锁针起针。

1行立织的锁针。

编织起点
（52针锁针）起针

边缘编织

1行立织的锁针。

表示编织方向的箭头。
往返编织时，每行的方向不同。

下摆的边缘在此处重新
加线开始编织。

边缘编织是2针1个花样。
在1行中重复钩织这2针。

边缘编织
2针1个花样

● 制图的看法（以小物为例）

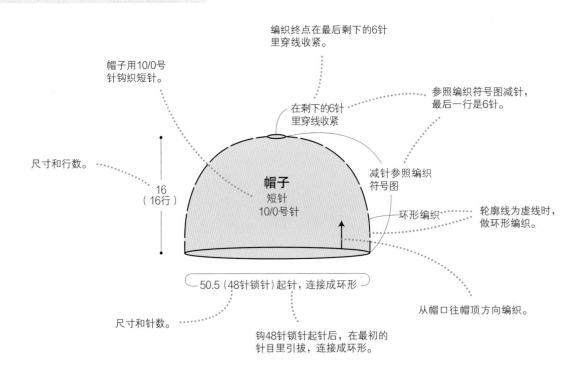

编织终点在最后剩下的6针
里穿线收紧。

帽子用10/0号
针钩织短针。

在剩下的6针
里穿线收紧

参照编织符号图减针，
最后一行是6针。

尺寸和行数。

减针参照编织
符号图

帽子
短针
10/0号针

16
（16行）

环形编织

轮廓线为虚线时，
做环形编织。

50.5（48针锁针）起针，连接成环形

从帽口往帽顶方向编织。

尺寸和针数。

钩48针锁针起针后，在最初的
针目里引拔，连接成环形。

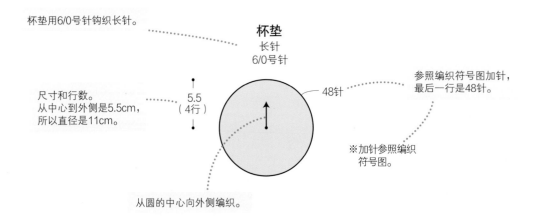

杯垫用6/0号针钩织长针。

杯垫
长针
6/0号针

参照编织符号图加针，
最后一行是48针。

尺寸和行数。
从中心到外侧是5.5cm，
所以直径是11cm。

5.5
（4行）

48针

※加针参照编织
符号图。

从圆的中心向外侧编织。

要点

不同的编织书和图解对细节的标注方法可能存在差异，但是标注的内容大致相同。掌握基
本要领后，就能看懂各种编织书上的图解了。

● 编织符号图的看法（以小物为例）

这是与p.24中的制图对应的编织符号图。

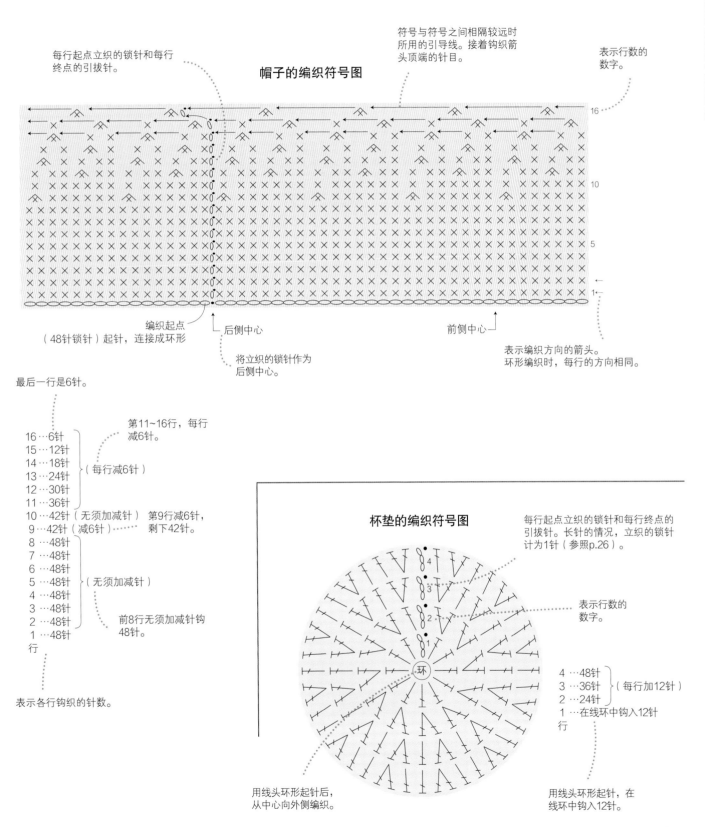

每行起点立织的锁针和每行终点的引拔针。

符号与符号之间相隔较远时所用的引导线。接着钩织箭头顶端的针目。

表示行数的数字。

帽子的编织符号图

编织起点（48针锁针）起针，连接成环形

后侧中心

将立织的锁针作为后侧中心。

前侧中心

表示编织方向的箭头。环形编织时，每行的方向相同。

最后一行是6针。

第11~16行，每行减6针。

16…6针
15…12针
14…18针
13…24针（每行减6针）
12…30针
11…36针
10…42针（无须加减针）第9行减6针，
9…42针（减6针）剩下42针。
8…48针
7…48针
6…48针
5…48针（无须加减针）
4…48针
3…48针
2…48针 前8行无须加减针钩
1…48针 48针
行

表示各行钩织的针数。

杯垫的编织符号图

每行起点立织的锁针和每行终点的引拔针。长针的情况，立织的锁针计为1针（参照p.26）。

表示行数的数字。

环

4…48针
3…36针（每行加12针）
2…24针
1…在线环中钩入12针
行

用线头环形起针后，从中心向外侧编织。

用线头环形起针，在线环中钩入12针。

关于立织的锁针

在一行的起点钩织的与该行针目相同高度的锁针，叫作"立织的锁针"。
针法不同，立织的锁针数量也不一样。

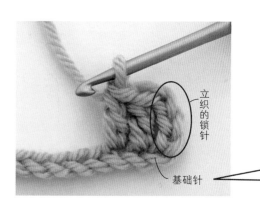

什么是基础针

除短针以外，立织的锁针均计为1针。因为起针的每针锁针里都会钩入1个针目，所以立织的锁针也需要1针起针，这1针就叫作"基础针"。

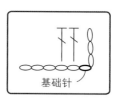

基础针

● 各种针法对应的立织锁针数量

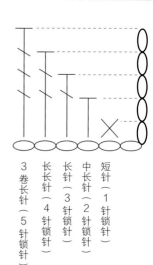

3卷长针（5针锁针）　长长针（4针锁针）　长针（3针锁针）　中长针（2针锁针）　短针（1针锁针）

短针

1针

立织1针锁针

中长针

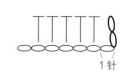

1针

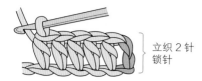

立织2针锁针

长针

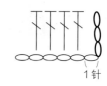

1针

立织3针锁针

长长针

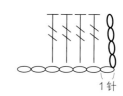

1针

立织4针锁针

要点

立织的锁针通常计为一行的第1针。但是，只有短针例外，立织的锁针不计为1针，基础针里也要钩入短针。

根据织物的形状和花样，有时也会特意改变立织的锁针数量。

第 3 章　开始编织

准备就绪后，赶快开始编织吧！

本章将为大家介绍钩针的拿法、挂线方法、

起针方法、加减针方法等实际编织作品时需要用到的技巧。

挂线的方法和钩针的拿法

左手挂线，右手拿针，开始编织。

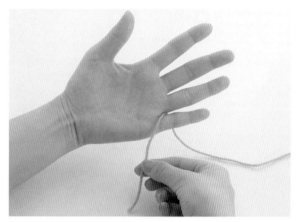

1 将线挂在左手上。右手捏住线头，从左手的手背往前将线夹在小指和无名指之间。

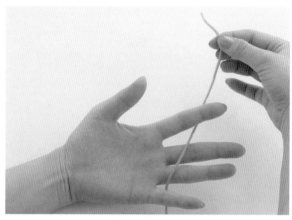

2 从中指和食指之间将线拉至手背。

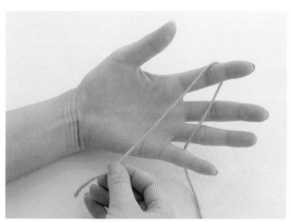

3 挂在食指上，将线头拉至手掌前。

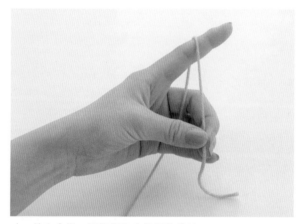

4 伸直食指，用拇指和中指捏住线头。

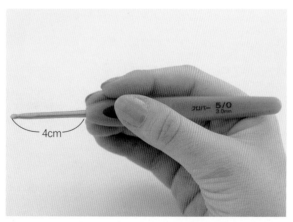

5 用右手拿针。用拇指和食指握住距离针头 4cm 左右的地方，中指轻轻地搭在钩针上。挂在针上的线比较顺滑时，可以用中指压住线。

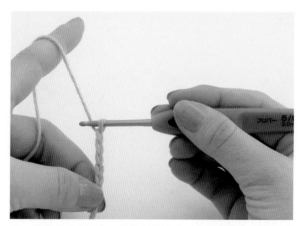

6 用左手拿住织物，将钩针抵在左手拇指和食指之间的渡线上，用右手钩织。左手不要将线握得太紧，以便顺畅地拉出线。

起针和第1行的钩织方法

在编织起点起针。
起针方法主要有锁针起针、用锁针环形起针、用线头环形起针。

● 锁针起针

这是钩针编织的基础起针方法。
注意锁针不要钩得太紧。

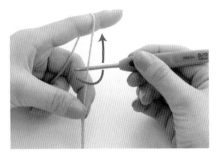

1 将钩针抵在线的后面，如箭头所示转动针头制作线圈。

2 针头绕上线形成线圈。

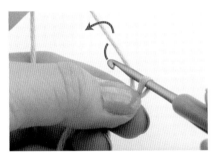

3 用左手的拇指和中指捏住线圈的根部，如箭头所示转动针头挂线。

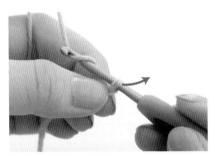

4 如箭头所示将针头的挂线拉出。

5 如箭头所示拉动线头，收紧编织起点的线圈。

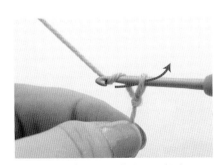

6 在针头挂线，如箭头所示拉出。

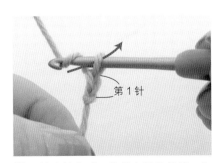

第1针

7 第1针完成。接着在针头挂线，如箭头所示拉出，钩织第2针。

5针锁针

8 5针锁针完成后的状态。用相同方法钩织所需数量的锁针。针上的线圈不计为1针。

第1行的钩织方法

往返编织的情况

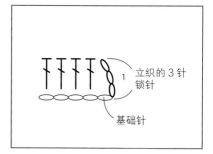

立织的3针锁针

基础针

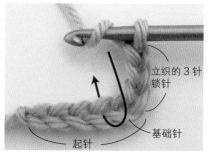

立织的3针锁针

基础针

起针

1 锁针起针后，接着立织3针锁针。在针头挂线，如箭头所示插入钩针，钩1针长针。

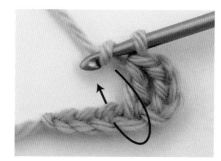

2 重复相同操作，在起针的锁针上钩织长针。

从锁针起针上挑针的方法

从锁针起针上挑针钩织第1行时，有3种方法。

不同的挑针方法呈现不一样的效果，请灵活利用各自的特点选择合适的挑针方法。

从锁针后面的线及反面的线（里山）挑针的方法

从2根线里挑针，起针位置较厚，但是针目稳定。要在1针锁针里钩入2针以上，或者跳过几针挑针时，比较适合用这种方法。

立织的3针锁针

基础针

从锁针的后面1根线挑针的方法

挑针的线一目了然，起针位置较薄。想要伸缩性效果时，比较适合用这种方法。

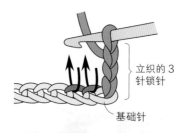

立织的3针锁针

基础针

从锁针反面的线（里山）挑针的方法

保留起针的锁针，边缘平整美观。适合无须事后钩织边缘的作品。

立织的3针锁针

基础针

环形编织（编织成圆筒形）的情况 ※ 将锁针起针连接成环形。

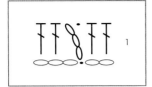

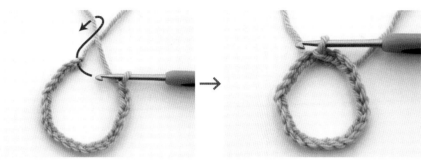

钩织所需数量的锁针起针。注意针目不要扭转，在第1针锁针后面的线及里山插入钩针，挂线引拔。

起针连接成了环形。

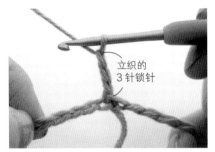

1　立织3针锁针。

2　在针头挂线，如箭头所示插入钩针，钩1针长针。（从锁针后面的线及里山挑针的方法）

3　1针长针完成。用相同方法在针头挂线，从起针的锁针上挑针，继续钩织长针。

4　钩织一圈，最后的长针完成。如箭头所示，在立织的第3针锁针里插入钩针。

5　在针头挂线，一次性引拔。

6　第1行（圈）就完成了。

环形编织（编织成椭圆形）的情况

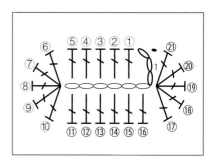

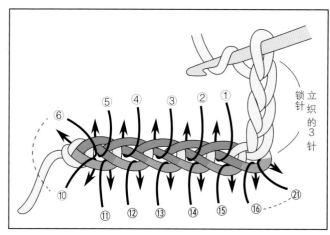

1 钩织所需数量的锁针起针，接着立织3针锁针。在针头挂线，在起针上挑针钩织长针（①～⑤）（从锁针后面的线及里山挑针的方法）。

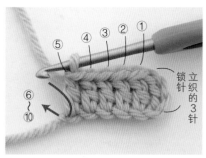

2 钩织至起针的端头。在同一个针目里再钩5针长针（⑥～⑩），钩织出侧边的半圆。在钩织过程中，织物自然地上下翻转。

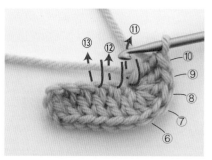

3 在起针剩下的1根线里挑针，在另一侧也钩织长针（⑪～⑯）。此时，包住编织起点的线头一起钩织，省去了处理线头的麻烦。

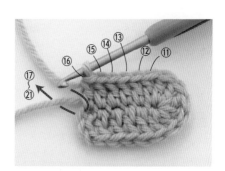

4 钩织至起针的另一端。在同一个针目里再钩5针长针（⑰～㉑），钩织出另一侧的半圆。

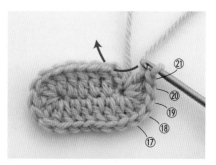

5 ㉑完成后，在立织的第3针锁针里插入钩针引拔。

6 第1行（圈）就完成了。将编织起点的线头贴着织物表面剪断。

● 用锁针环形起针

1 钩6针锁针，在第1针锁针后面的线及里山插入钩针。

2 在针头挂线，一次性引拔。

3 锁针起针连接成了环形。

第1行的钩织方法

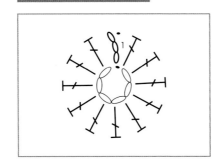

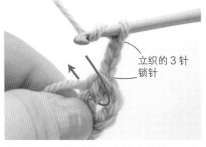

1 立织3针锁针。在针头挂线，在起针的线环中插入钩针钩织长针。此时，包住编织起点的线头一起钩织，省去了处理线头的麻烦。

立织的3针锁针

2 1针长针完成。接着在针头挂线，用相同方法插入钩针再钩10针长针。

3 所需数量的长针完成。在立织的第3针锁针里插入钩针，挂线引拔。

4 第1行（圈）就完成了。将编织起点的线头贴着织物表面剪断。

● 用线头环形起针

1　留出 10cm 左右的线头，在左手的食指上绕 2 圈线。

线头侧

2　抽出手指，捏住线环，如箭头所示插入钩针。

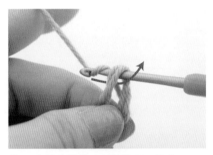

3　在针头挂线，如箭头所示拉出。

4　在针头挂线，如箭头所示引拔。

5　用线头环形起针完成。

第 1 行的钩织方法

1　立织 1 针锁针，如箭头所示在线环中插入钩针。

立织的 1 针锁针

2　在针头挂线，如箭头所示拉出。

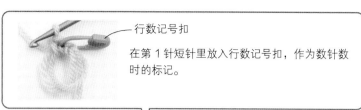

行数记号扣

在第1针短针里放入行数记号扣，作为数针数时的标记。

3　在针头挂线，如箭头所示引拔，钩织短针。

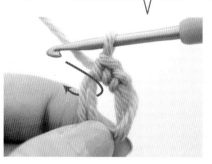

4　1针短针完成。用相同方法，在线环中再钩入5针短针。

5　所需数量的短针完成。

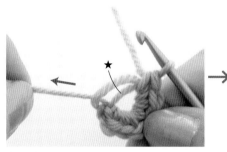

缩短的线环（★）

6　轻轻拉动线头，线环的2根线中仅有1根线会缩短（★）。拉动缩短的线环，收紧另一个线环。

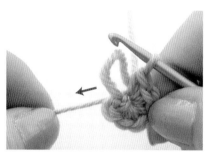

7　其中1个线环收紧后的状态。拉动线头，收紧剩下的线环。

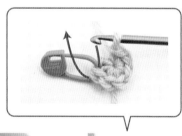

8　中心的小孔被收紧了。

9　如箭头所示，在第1针短针的头部2根线里插入钩针，挂线引拔。

10　第1行就完成了。

● 编织环上第1行的钩织方法

这种方法无须起针，在编织环和发圈等环状物品上直接钩织第1行。

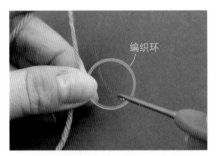

1 左手食指挂线，拇指和中指捏住线头和编织环。如箭头所示在编织环中插入钩针。

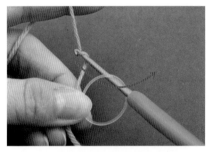

2 在针头挂线，如箭头所示拉出。

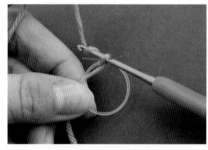

3 在针头挂线，如箭头所示引拔。

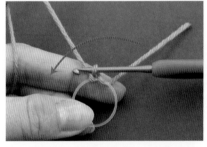

4 暂时从左手取下线头，如箭头所示向左绕过编织线的上方，与编织环并在一起重新用左手捏住。

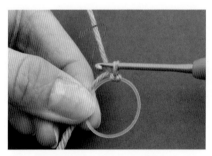

5 在针头挂线，立织1针锁针。

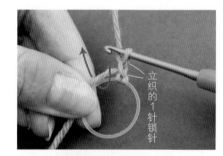

6 如箭头所示在编织环中插入钩针，包住编织环和线头钩织短针。

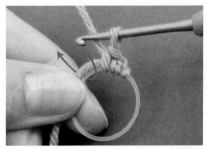

7 1针短针完成。重复相同操作继续钩入短针。

8 钩织所需数量的短针，围成一圈。如箭头所示，在第1针短针的头部2根线里插入钩针，挂线引拔。

9 第1行就钩织完成了。

中途线快用完时的接线方法

在织物中间换线的方法

（在织物正面换线的情况）

正面

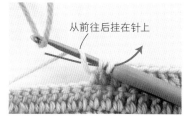

从前往后挂在针上

在针目做最后的引拔时，将刚才编织的线从前往后挂在针上，再在针头挂上新线引拔。

接着用新线继续钩织。

（在织物反面换线的情况）

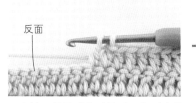

反面

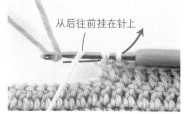

从后往前挂在针上

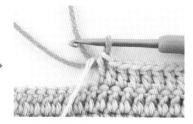

在针目做最后的引拔时，将刚才编织的线从后往前挂在针上，再在针头挂上新线引拔。

接着用新线继续钩织。

在织物边端（换行时）换线的方法

（在织物正面换线的情况）

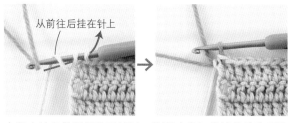

从前往后挂在针上

在行末针目做最后的引拔时，将刚才编织的线从前往后挂在针上，再在针头挂上新线引拔。

（在织物反面换线的情况）

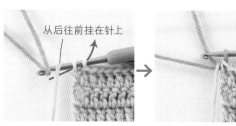

从后往前挂在针上

在行末针目做最后的引拔时，将刚才编织的线从后往前挂在针上，再在针头挂上新线引拔。

蚊子结接线的方法

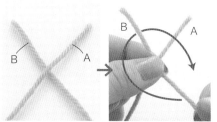

B A

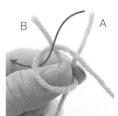

B A

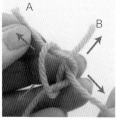

A

A B

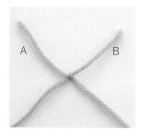

A B

1 将刚才编织的线头（A）与新线的线头（B）如图所示交叉重叠，用左手捏住。将 B 线如箭头所示绕圈。

2 在步骤 1 绕出的线环中穿入 A 的线头。

3 如箭头所示用力均匀地拉紧 A、B 两根线。

4 蚊子结就完成了。

第2行及以后的钩织方法

从第2行开始，除特别指定外，均在前一行针目的头部2根线里挑针钩织。

需要注意的是，有时边针看不清楚容易忘记挑针。

从短针、长针上挑针

● 往返编织的情况

移至下一行时翻转织物的方法

1　如箭头所示，左端向前、右端向后翻转织物。

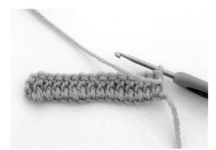

2　编织线位于织物的前面。

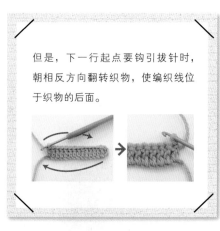

但是，下一行起点要钩引拔针时，朝相反方向翻转织物，使编织线位于织物的后面。

短针花样

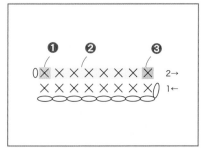

❶ 立织锁针的下一针的挑针方法

在前一行最后一针短针的头部2根线里挑针，钩织短针。

短针完成后的状态。这就是该行的第1针。接着如箭头所示插入钩针，钩第2针的短针。

❷ 一行中间部分的挑针方法

在前一行短针的头部2根线里挑针，钩织短针。

❸ 一行最后一针的挑针方法

在前一行第1针短针的头部2根线里挑针，钩织短针。

最后一针完成后的状态。

长针花样

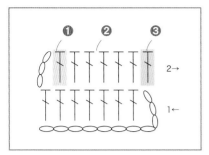

※ 短针以外的针目（如中长针和长长针等）全部用相同方法挑针。

❶ 立织锁针的下一针的挑针方法

在前一行倒数第 2 针长针的头部 2 根线里挑针，钩织长针。

长针完成后的状态。立织的锁针是该行的第 1 针，刚才钩织的长针是第 2 针。

❷ 一行中间部分的挑针方法

在前一行长针的头部 2 根线里挑针，钩织长针。

❸ 一行最后一针的挑针方法

在前一行立织的第 3 针锁针里挑针，钩织长针。

第 2 行的情况

从第 1 行立织的第 3 针锁针的反面插入钩针。

第 3 行及以后的情况

从前一行立织的第 3 针锁针的正面插入钩针。

↓

最后一针完成后的状态。

多挑 1 针或少挑 1 针的情况

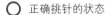

○ 正确挑针的状态

织物端正。

忘了从前一行立织的锁针上挑针。

✕ 错误挑针的状态

织物歪斜。

在前一行的最后一针里钩入了长针。

● 环形编织的情况

短针花样

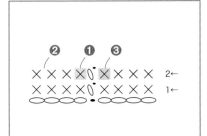

❶ 立织锁针的下一针的挑针方法

 →

在前一行第1针短针的头部2根线（前一行最后钩引拔针的针目）里挑针，钩织短针。

短针完成后的状态。这就是该行的第1针。

❷ 一行中间部分的挑针方法

在前一行短针的头部2根线里挑针，钩织短针。

❸ 一行最后一针的挑针方法

最后的引拔针　　最后的短针

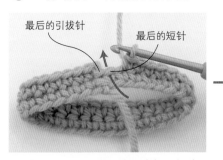 →

在前一行最后一针短针的头部2根线里挑针，钩织短针。注意不要再从前一行最后钩的引拔针上挑针。

最后一针完成后的状态。

长针花样

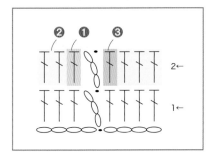

※ 短针以外的针目（如中长针和长长针等）全部用相同方法挑针。

❶ 立织锁针的下一针的挑针方法

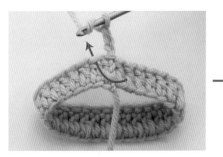 →

在前一行第2针长针（第1针是立织的锁针）的头部2根线里挑针，钩织长针。

长针完成后的状态。立织的锁针是该行的第1针，刚才钩织的长针是第2针。

❷ 一行中间部分的挑针方法

在前一行长针的头部2根线里挑针，钩织长针。

❸ 一行最后一针的挑针方法

在前一行最后一针长针的头部2根线里挑针，钩织长针。

最后一针完成后的状态。

整段挑针

从前一行的锁针上挑针时，在锁针的下方插入钩针挑起整段锁针，叫作"整段挑针"。
前一行是锁针的情况，基本上都做整段挑针。

方眼针的情况

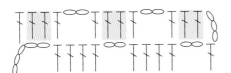

粉红色部分的长针是在前一行的锁针上整段挑针钩织。

在针头挂线，如箭头所示插入钩针，钩织长针。

长针完成后的状态。整段挑针后，前一行的锁针就被包在针脚里。

网格针的情况

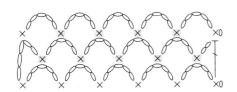

粉红色部分的短针是在前一行的锁针上整段挑针钩织。

如箭头所示插入钩针，钩织短针。

短针完成后的状态。整段挑针后，前一行的锁针就被包在针脚里。

从中长针的枣形针上挑针

中长针的枣形针针目头部偏向根部的右边。
因此，在头部挑针钩织下一行针目时，针目看上去就会倾斜。
如果特意在头部相邻的针目（根部正上方的针目）里插入钩针挑针，针目看上去会更加端正、美观。

● 往返编织的情况

从头部挑针

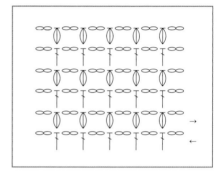

在枣形针的头部插入钩针（因为是往返编织，头部偏向根部的左边）。

针目呈倾斜状态。

从头部相邻的针目上挑针

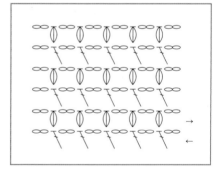

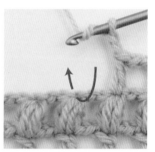

在枣形针根部正上方的针目里插入钩针（因为是往返编织，实际操作时在头部右侧相邻的锁针里插入钩针）。

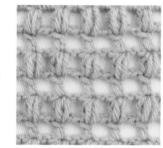

针目呈漂亮的垂直状态。

从长针的枣形针上挑针（往返编织）

长针的枣形针因为头部在根部的正上方，所以照常在头部插入钩针，钩织下一行。

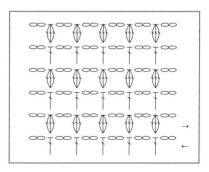

● 环形编织的情况

从头部挑针

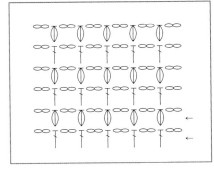

在枣形针的头部插入钩针（因为是环形编织，头部偏向根部的右边）。

针目呈倾斜状态。

从头部相邻的针目上挑针

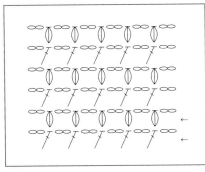

在枣形针根部正上方的针目里插入钩针（因为是环形编织，实际操作时在头部左侧相邻的锁针里插入钩针）。

针目呈漂亮的垂直状态。

从长针的枣形针上挑针（环形编织）

长针的枣形针因为头部在根部的正上方，所以照常在头部插入钩针，钩织下一行。

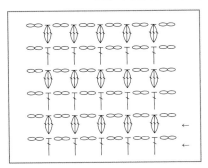

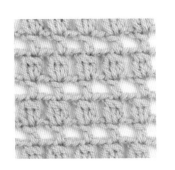

减针

缩小织物的宽度时减少针数叫作"减针"，
用于编织袖窿、领窝和袖山的弧度等。

 **减 1 针**

无论是在织物的边端减针，还是在中间部分减针，都可以用"2 针并 1 针"
的方法。

短针花样

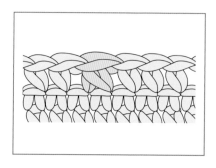

= 2 针短针并 1 针
（参照 p.139）

前一行的 2 针减至 1 针。

长针花样

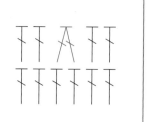

= 2 针长针并 1 针
（参照 p.141）

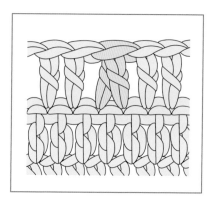

前一行的 2 针减至 1 针。

 **减 2 针**

无论是在织物的边端减针，还是在中间部分减针，都可以用"3 针并 1 针"
的方法。

短针花样

= 3 针短针并 1 针
（参照 p.139）

前一行的 3 针减至 1 针。

长针花样

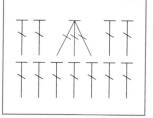

= 3 针长针并 1 针
（参照 p.141）

前一行的 3 针减至 1 针。

● 边端 2 针以上的减针

这是在织物的边端一次性减 2 针以上的方法。在一行的起点减针时用"渡线"的方法,在一行的终点减针时用"留针"的方法。此处以长针花样为例进行说明。

在一行的起点减 2 针以上时（渡线）

渡线可以省去事后处理线头的麻烦。
另外,后面做边缘编织等需要挑针时,包住渡线钩织就可以隐藏渡线。

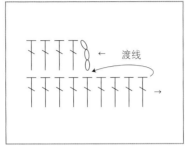

在一行的起点减 4 针

1 前一行的针目全部钩织完成后,将钩针上的线圈拉大。

2 取下钩针,在拉长的线圈中穿过线团。

3 拉动刚才穿过来的线,收紧线圈。

4 收紧线圈后的状态。这样针目就不会松散了。

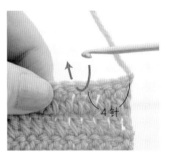

5 如箭头所示,在边端往里数第 5 针里插入钩针。

6 在针头挂线后拉出。

7 拉出线后的状态。将渡线拉至合适的长度,注意不要太紧或太松。

8 立织 3 针锁针,按编织符号图继续钩织。

9 边端减了 4 针。

在一行的终点减2针以上时（留针）

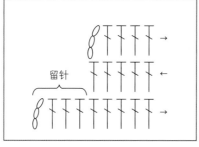

在一行的终点减4针

一行最后的4针不要钩织，翻转织物后钩织下一行。这样边端就减了4针。

领窝的减针方法
（加线、剪线）

编织领窝时，从中心分成左右两边。
用身片的线接着编织一侧的肩部，
然后加新线编织另一侧的肩部。

编织符号图

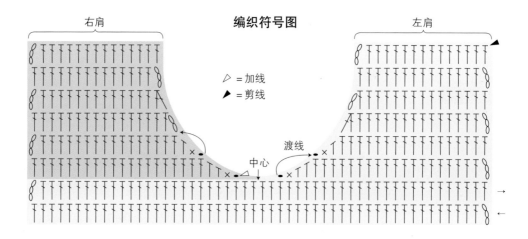

◁ = 加线
► = 剪线

右肩　左肩

中心　渡线

※ 为了便于理解，使用了不同颜色的新线。

1 用身片的线仅在左肩接着做往返编织。编织结束时将线剪断。（►剪线）

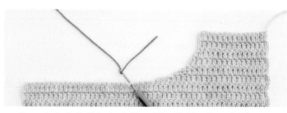

2 在右肩的编织起点位置插入钩针，加入新线。（◁加线）

3 参照编织符号图，钩织右肩的第1行。

4 接着，仅在右肩做往返编织。

加针

放大织物的宽度时增加针数叫作"加针"，
用于编织袖下斜线和外扩的下摆等。

● 加 1 针

无论是在织物的边端加针，还是在中间部分加针，都可以用"1 针
放 2 针"的方法。

短针花样

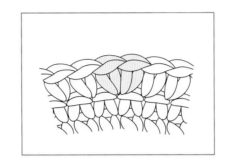

前一行的 1 针加至 2 针。

〰️ = 1 针放 2 针短针
（参照 p.135）

长针花样

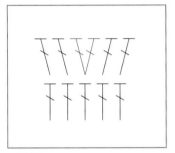

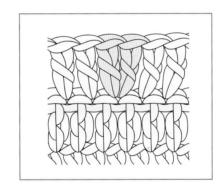

前一行的 1 针加至 2 针。

= 1 针放 2 针长针
（参照 p.137）

● 加 2 针

无论是在织物的边端加针，还是在中间部分加针，都可以用"1 针
放 3 针"的方法。

短针花样

〰️ = 1 针放 3 针短针
（参照 p.135）

前一行的 1 针加至 3 针。

长针花样

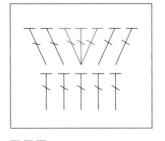

= 1 针放 3 针长针
（参照 p.137）

前一行的 1 针加至 3 针。

● 边端 2 针以上的加针

这是在织物的边端一次性加 2 针以上的方法。分为"在前一行的终点接着钩织锁针加针"的方法、"在前一行的起点侧加入另线钩织锁针加针"的方法。此处以长针花样为例进行说明。

在前一行的终点接着钩织锁针加针

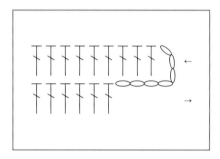

接着钩出 4 针

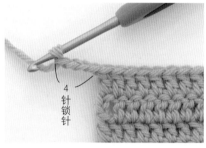

1　前一行的最后一针完成后，接着钩 4 针锁针。

2　翻转织物，立织 3 针锁针。

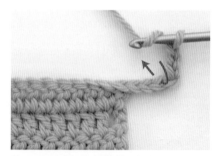

3　从刚才加出的锁针上挑针，钩织长针。

4　从锁针上挑针钩织后的状态。织物的边端加了 4 针。

5　接着在前一行针目的头部 2 根线里挑针钩织。

在前一行的起点侧加入另线钩织锁针加针

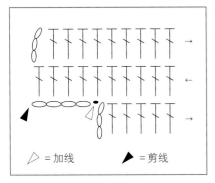

△ = 加线　　▲ = 剪线

加入另线钩出 4 针

1　一行的最后一针完成后，暂时取下钩针，在前一行立织的第 3 针锁针里插入钩针。

2　在针头挂上另线后拉出。

3　在针头挂线引拔。

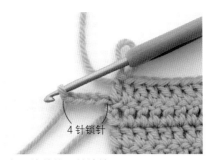

4 针锁针

4　接着钩 4 针锁针。

5　留出 5cm 左右的线头剪断。取下钩针，在线圈中穿入线头拉紧。

6　在步骤 1 休针的线圈中重新插入钩针，从刚才加出的锁针上挑针，钩织长针。

7　从锁针上挑针钩织后的状态。织物的边端加了 4 针。

编织线的换色方法

下面介绍的是在编织中途换色的方法。
根据配色的行数、针数及花样的具体情况，有各种换色方法。

条纹花样的换色方法

● 往返编织的情况

每行在边端换色的方法

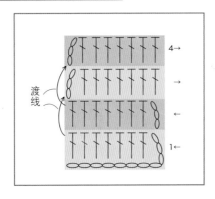

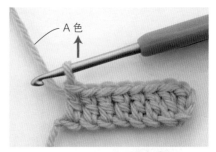

1 用 A 色线钩完第 1 行后，将针上的线圈拉大。

2 取下钩针，在拉长的线圈中穿入线团。

3 拉动刚才穿过来的线，收紧线圈。这样针目就不会松散了。

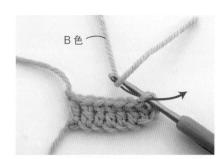

4 将 A 色线放置一边暂停编织。在第 1 行立织的第 3 针锁针里插入钩针，拉出 B 色线。

5 拉出 B 色线后的状态。

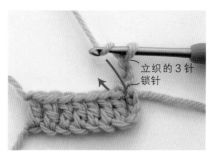

6 立织 3 针锁针，接着钩织长针。

7 继续钩织第2行的长针。

8 在第2行最后一针长针做最后的引拔时，用暂停编织的A色线引拔。此时，将B色线从前往后挂在针上。

9 引拔后的状态。此时，注意渡线不要拉得太紧或太松。将B色线放置一边暂停编织。

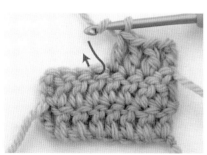

10 翻转织物，用A色线继续钩织第3行。

要点

在一行的最后换色时，为了避免暂停编织的线露在正面，如图所示挂在针上。

看着正面编织的行

将线从前往后挂在针上

看着反面编织的行

将线从后往前挂在针上

11　第 3 行钩织完成后，与步骤 1、
　　2 一样，将针上的线圈拉大，穿
　　过线团。

12　拉动刚才穿过来的线，收紧线圈。

13　将 A 色线放置一边暂停编织。在
　　第 3 行立织的第 3 针锁针里插入
　　钩针，拉出 B 色线。

14　拉出 B 色线后的状态。此时，注
　　意渡线不要拉得太紧或太松。

15　立织 3 针锁针，接着钩织第 4 行
　　的长针。

16　在第 4 行最后一针长针做最后的
　　引拔时，用暂停编织的 A 色线引
　　拔。此时，将 B 色线从后往前挂
　　在针上。

17　引拔后的状态。用相同方法，继
　　续每行换色编织。

每 2 行在边端换色的方法

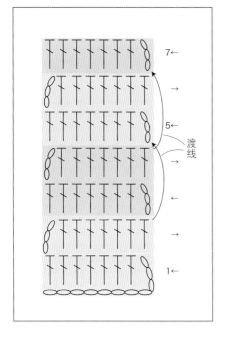

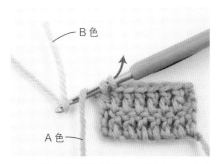

1 用 A 色线钩织第 1、2 行。在第 2 行最后一针长针做最后的引拔时，用 B 色线引拔。此时，将 A 色线从后往前挂在针上。

2 引拔后的状态。将 A 色线放置一边暂停编织。

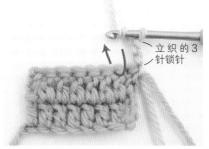

3 翻转织物，立织 3 针锁针，用 B 色线继续钩织第 3 行。

4 第 4 行也接着用 B 色线钩织。在第 4 行最后一针长针做最后的引拔时，用暂停编织的 A 色线引拔。此时，将 B 色线从后往前挂在针上。

5 引拔后的状态。此时，注意渡线不要拉得太紧或太松。将 B 色线放置一边暂停编织。

6 翻转织物，立织 3 针锁针，用 A 色线继续钩织第 5、6 行。

7 钩织至第 7 行后的状态。渡线都位于织物的边端。用相同方法，继续每 2 行换色编织。

● 环形编织的情况

编织成圆形

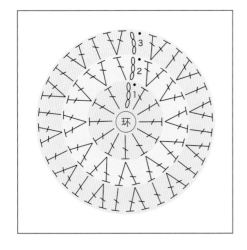

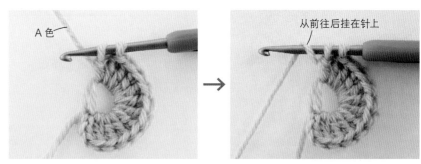

1 用A色线钩织第1行。在最后一针长针做最后的引拔时，将A色线从前往后挂在针上。

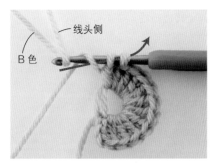

2 在针头挂上B色线，一次性引拔。

3 收紧编织起点的线环（参照p.35步骤6、7）。

4 在立织的第3针锁针里插入钩针。A色线不要剪断，放置一边暂停编织。

5 在针头挂上B色线，如箭头所示一次性引拔。

6 第1行完成。接着用B色线继续钩织第2行。

7 钩织至第2行最后一针长针做最后的引拔前。

从前往后挂在针上

8　将 B 色线从前往后挂在针上，再在 B 色线的后面将 A 色线挂在针头一次性引拔。B 色线不要剪断，放置一边暂停编织。

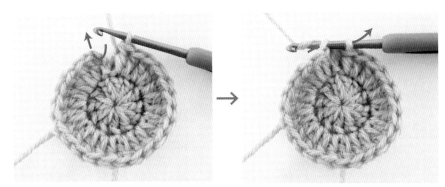

9　第 2 行最后的长针完成。在第 2 行立织的第 3 针锁针里插入钩针，在针头挂上 A 色线，如箭头所示一次性引拔。

10　第 2 行完成。接着用 A 色线继续钩织第 3 行。

正面　　　　　反面

渡线

11　用相同方法每行换色编织。织物的反面形成纵向渡线。

编织成圆筒形

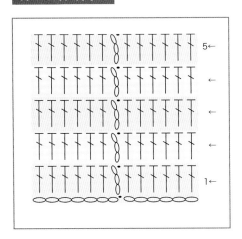

正面

反面

渡线

编织成圆筒形时，与编织成圆形时一样，也是在一行最后一针长针做最后的引拔时换成下一个颜色的线钩织。织物的反面形成纵向渡线。

配色花样的换色方法

这是在织物中用配色线表现纵向条纹花样和图案的技巧。
分为包住渡线钩织换色的方法以及在织物的反面横向或纵向渡线换色的方法。

● 包住渡线钩织换色的方法

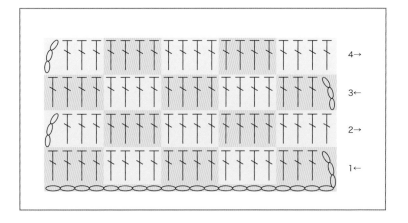

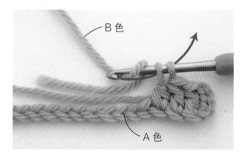

1　用 A 色线起针，钩织至第 1 行中间。在换成 B 色线的前一针做最后的引拔时，用 B 色线引拔。

2　在针头挂线，如箭头所示插入钩针。

3　包住 B 色线的线头及 A 色线，用 B 色线钩织长针。

4　1 针长针完成。用相同方法，包住 B 色线的线头及 A 色线，用 B 色线钩织长针。

5　在换成 A 色线的前一针做最后的引拔时，用 A 色线引拔。此时，适当收紧在针目中横向渡线的 A 色线，注意不要拉得太紧或太松。

6　包住 B 色线，用 A 色线钩织长针。

7　参照编织符号图，交替使用A色线和B色线继续钩织。在第1行最后一针做最后的引拔时，用B色线引拔。此时，将A色线从前往后挂在针上。

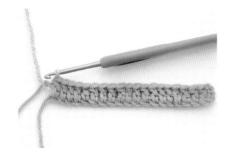

8　第1行完成。

9　钩织第2行。翻转织物，用B色线立织3针锁针。

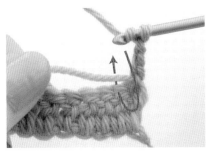

10　在针头挂线，如箭头所示插入钩针，包住A色线用B色线钩织长针。

11　在换成A色线的前一针做最后的引拔时，用A色线引拔。

12　在针头挂线，如箭头所示插入钩针，包住B色线用A色线钩织长针。

13　参照编织符号图，交替使用A色线和B色线继续钩织。在第2行最后一针做最后的引拔时，用A色线引拔。此时，将B色线从后往前挂在针上。

14　第2行完成。

15　用和第1、2行相同的方法继续钩织。

● 在织物的反面横向渡线换色的方法

在加入花样的行，用底色线钩织时将配色线放在织物的反面，用配色线钩织时将底色线放在织物的反面，
一边渡线一边钩织。
钩织时，注意反面的渡线不要拉得太紧或太松。

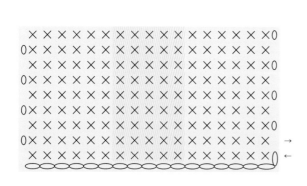

看着织物的正面编织的行

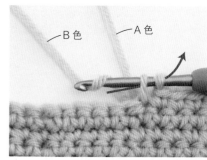

1 在换成 B 色线的前一针做最后的引拔时，将 B 色线挂在针头，一次性引拔。

2 接着用 B 色线继续钩织。A 色线不要剪断，放在织物的后面暂停编织。

3 在换成 A 色线的前一针做最后的引拔时，将 A 色线挂在针头，一次性引拔。此时，注意织物反面的渡线不要拉得太紧或太松。

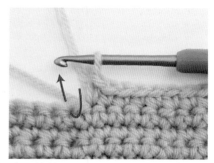

4 接着用 A 色线继续钩织。B 色线不要剪断，放在织物的后面暂停编织。

看着织物的反面编织的行

1 在换成 B 色线的前一针做最后的引拔时，将 A 色线放在织物的前面暂停编织。将 B 色线挂在针头，一次性引拔。

2 接着用 B 色线继续钩织。

3 在换成 A 色线的前一针做最后的引拔时，将 A 色线挂在针头，一次性引拔。此时，注意织物前面的渡线不要拉得太紧或太松。

正面

反面

4 接着用 A 色线继续钩织。B 色线不要剪断，放在织物的前面暂停编织。

5 用相同方法，参照编织符号图一边换色一边继续钩织。织物的反面形成横向渡线。

● 在织物的反面纵向渡线换色的方法

这是在底色线和配色线的交界处相互交缠，不在反面横向渡线的钩织方法。适用于纵向条纹花样和大型图案。
1 行中换几次颜色，就需要准备几个线团。

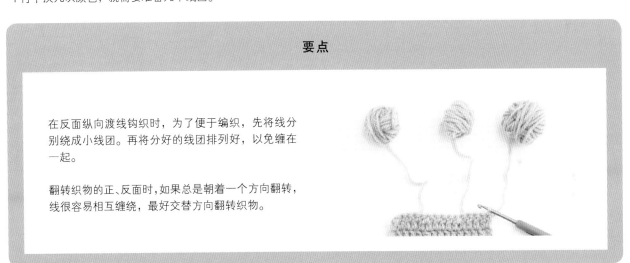

要点

在反面纵向渡线钩织时，为了便于编织，先将线分别绕成小线团。再将分好的线团排列好，以免缠在一起。

翻转织物的正、反面时，如果总是朝着一个方向翻转，线很容易相互缠绕，最好交替方向翻转织物。

短针的情况

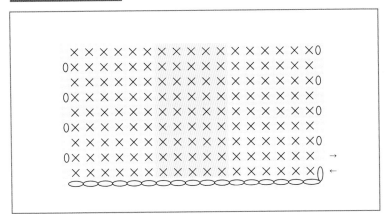

看着织物的正面编织的行

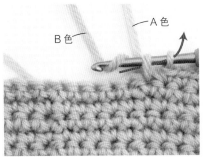

1 在换成 B 色线的前一针做最后的引拔时，将 B 色线挂在针头，一次性引拔。

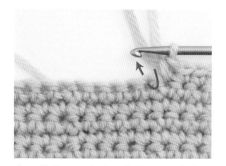

2　接着用 B 色线继续钩织。A 色线不要剪断，放在织物的后面暂停编织。

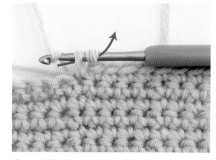

3　在换成 A 色线的前一针做最后的引拔时，将 A 色线挂在针头，一次性引拔。

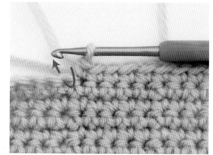

4　接着用 A 色线继续钩织。B 色线不要剪断，放在织物的后面暂停编织。

看着织物的反面编织的行

1　在换成 B 色线的前一针做最后的引拔时，将 A 色线放在织物的前面暂停编织，将 B 色线挂在针头，一次性引拔。

2　接着用 B 色线继续钩织。

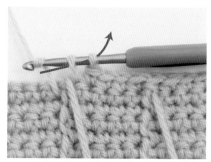

3　在换成 A 色线的前一针做最后的引拔时，将 B 色线放在织物的前面暂停编织，将 A 色线挂在针头，一次性引拔。

4　接着用 A 色线继续钩织。

5　用相同方法，参照编织符号图一边换色一边继续钩织。织物的反面形成纵向渡线。

长针的情况

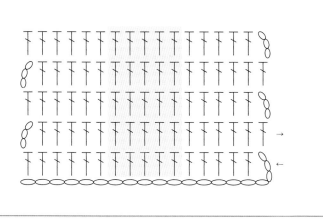

看着织物的正面编织的行

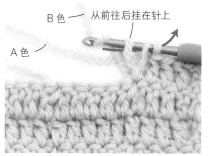

B色 —— 从前往后挂在针上
A色 ——

1 在换成B色线的前一针做最后的引拔时，将A色线从前往后挂在针上，用B色线一次性引拔。

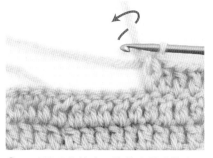

2 引拔后的状态。接着在针头挂上B色线。A色线不要剪断，放在织物的后面暂停编织（注意针目不要变松散）。

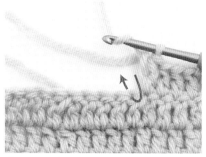

3 用B色线继续钩织长针。

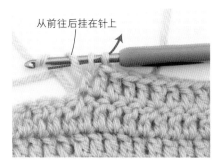

从前往后挂在针上

4 在换成A色线的前一针做最后的引拔时，将B色线从前往后挂在针上，用A色线一次性引拔。

5 引拔后的状态。接着在针头挂上A色线。B色线不要剪断，放在织物的后面暂停编织（注意针目不要变松散）。

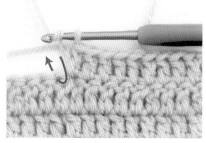

6 用A色线继续钩织长针。

看着织物的反面编织的行

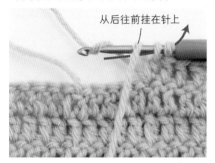

从后往前挂在针上

1　在换成 B 色线的前一针做最后的引拔时，将 A 色线从后往前挂在针上，用 B 色线一次性引拔。

2　引拔后的状态。接着在针头挂上 B 色线。A 色线不要剪断，放在织物的前面暂停编织（注意针目不要变松散）。

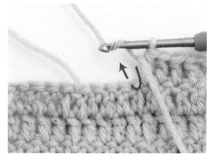

3　接着用 B 色线继续钩织长针。

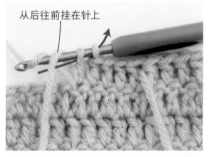

从后往前挂在针上

4　在换成 A 色线的前一针做最后的引拔时，将 B 色线从后往前挂在针上，用 A 色线一次性引拔。

5　引拔后的状态。接着在针头挂上 A 色线。B 色线不要剪断，放在织物的前面暂停编织（注意针目不要变松散）。

6　用 A 色线继续钩织长针。

正面

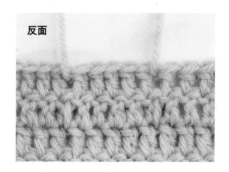

反面

7　用相同方法，参照编织符号图一边换色一边继续钩织。织物的反面形成纵向渡线。

从行上挑针的方法

如边缘编织等情况，有时需要从织物的行上挑针。

挑针方法不同，最后呈现的效果也会不一样，所以挑针也要美观一点。

● 从长针的织物上挑针

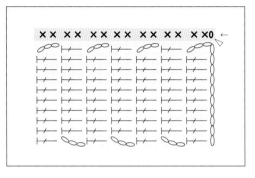

1 在织物的边端插入钩针。

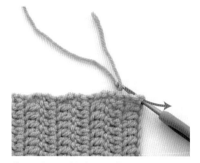

2 在针头挂线后拉出。

3 在针头挂线，如箭头所示引拔，收紧针目。

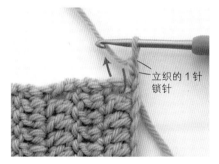

立织的1针锁针

4 立织1针锁针，如箭头所示在边上的第1针与第2针之间插入钩针。

5 包住边上的1针，钩织短针。

6 按与步骤4、5相同方法，包住边上的1针钩织短针。

7 完成1行挑针后的状态。

● 从短针的织物上挑针

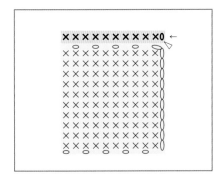

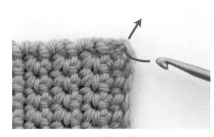

1 在织物的边端插入钩针。

2 在针头挂线后拉出。

3 在针头挂线，如箭头所示引拔，收紧针目。

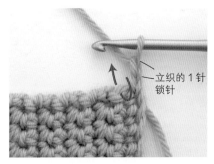

立织的1针锁针

4 立织1针锁针，如箭头所示分开边针插入钩针。

5 钩织短针。

6 按与步骤 **4**、**5** 相同方法，分开边针插入钩针，钩织短针。

7 完成1行挑针后的状态。

● 从方眼针的织物上挑针

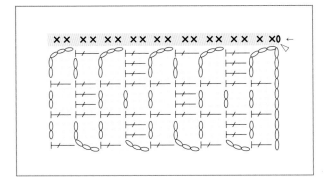

1 按与"从长针的织物上挑针"（p.63）相同方法，在边针上整段挑针。

2 钩织短针。

3 用相同方法继续钩织。

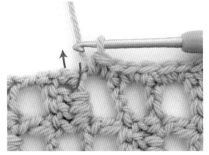

4 针目比较密的部分也按与步骤1、2相同方法挑针，钩织短针。

5 用相同方法继续钩织。

6 完成1行挑针后的状态。

● 从网格针的织物上挑针

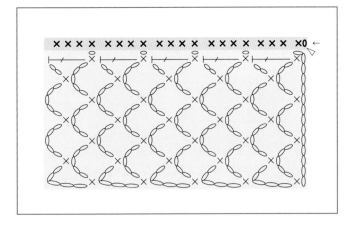

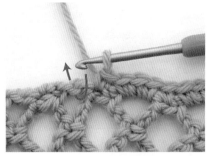

1　按与"从长针的织物上挑针"（p.63）相同方法，在边针上整段挑针钩织短针。

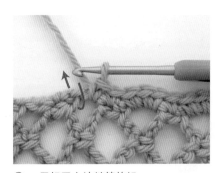

2　用相同方法继续钩织。

3　从短针部分挑针时，分开边针插入钩针。

4　钩织短针。

5　网格部分在边针上整段挑针，钩织短针。

6　完成1行挑针后的状态。

● 从织物的斜线上挑针

用于 V 字领的领窝等部位的挑针。为了避免出现小孔，分开织物的边针挑针。

分开织物的边针插入钩针，钩织短针。

● 从织物的弧线上挑针

与斜线上的挑针方法相同，为了避免出现小孔，分开织物的边针挑针。

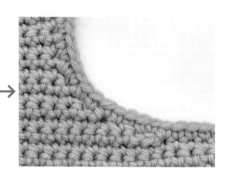

分开织物的边针插入钩针，钩织短针。

弧线的线条
不够美观时

弧线部分的曲线不够美观时，可以用同色线钩织引拔针，调整曲线后再进行挑针。

※ 为了便于理解，此处使用了不同颜色的线。

1　在织物的边端钩织引拔针。

2　钩织引拔针时注意保持漂亮的曲线。

3　从步骤 1、2 钩出的引拔针上挑针。

4　钩织短针。

5　这样挑出的针目更加美观。

● 从罗纹绳上挑针

※ 罗纹绳的钩织方法参照 p.96。

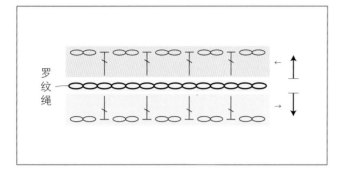

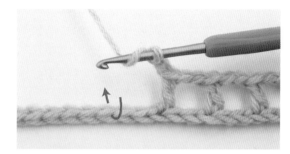

1　如箭头所示在罗纹绳上方锁针的 2 根线里挑针，钩织长针。

2　长针完成。

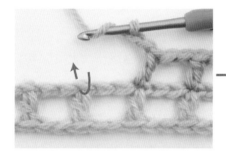 

3　从罗纹绳的另一侧挑针时，如箭头所示插入钩针钩织长针。

● 从饰带等条状织物上挑针

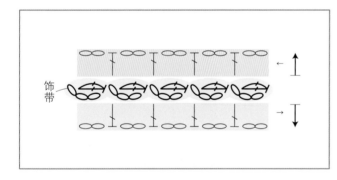

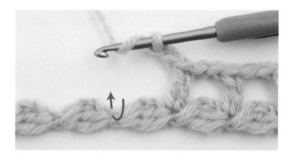

1　如箭头所示在饰带中插入钩针，钩织长针。

2　长针完成。

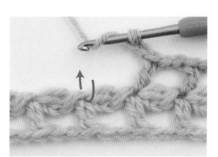

3　从饰带的另一侧挑针时，也在步骤 1 相同位置插入钩针钩织长针。

第 **4** 章　收尾处理

编织完成后，接下来就是最后的收尾了。

本章将为大家介绍作品收尾时用到的各种技巧。

收尾的方法不同，作品最后呈现的效果也会截然不同，

所以也是需要扎实掌握的重点内容。

编织终点和线头处理

编织结束后，先要收针，再用缝针处理编织终点和编织起点的线头。
在织物的反面漂亮地藏好线头。

● 往返编织的情况

编织终点的收针方法

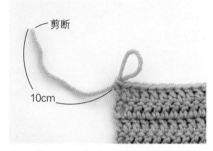

剪断

10cm

1 最后一针完成后，取下钩针，留出10cm 左右的线头剪断。

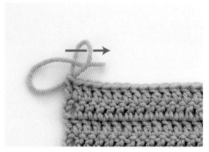

2 在刚才取下钩针的线圈中穿入线头。

3 拉动线头，收紧针目。

将线穿入缝针的小技巧

因为编织线是由几股细线合捻而成，如果直接从线头侧穿入缝针，容易劈线，很难穿好线。
用下面的方法就可以顺利地穿入缝针。

1 将线头对折，夹住缝针，用手指捏紧对折处，如箭头所示拔出缝针。

2 捏紧线头不要松开，如箭头所示将对折处穿过针鼻儿。

3 穿过针鼻儿后的状态。对折后穿入针鼻儿不易劈线，可以很顺利地穿好线。

处理线头的方法

在织物的边端处理线头的情况

1 将线头穿入缝针。

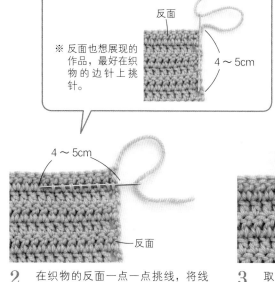

※ 反面也想展现的作品，最好在织物的边针上挑针。

反面

4～5cm

4～5cm

反面

2 在织物的反面一点一点挑线，将线穿入 4~5cm。

3 取下缝针，贴着织物剪掉露在外面的多余线头。编织起点的线头也用相同方法处理。

在织物的中间处理线头的情况

反面

1 将线头穿至织物的反面，松松地打一个结。

2 将线头穿入缝针，在织物的反面一点一点挑线，将线穿入 4~5cm。

3 取下缝针，贴着织物剪掉露在外面的多余线头。另一根线头也用相同方法处理。

● 环形编织的情况

编织终点的收针方法

引拔收针

引拔针

1 最后一针完成后，在该行最初的针目里插入钩针引拔。

2 留出 10cm 左右的线头剪断，在取下钩针的线圈中穿入线头。

3 拉动线头，收紧针目。

锁链缝合

环形编织时，编织终点不钩引拔针，而是用缝针做锁链缝合，线头处理后更加美观。

1 最后一针完成后，留出 10cm 左右的线头剪断，如箭头所示拉长线圈。

2 继续拉长线圈，直到拉出线头，穿入缝针。

3 如箭头所示，在该行第 1 针长针的头部插入缝针。

4 接着如箭头所示插入缝针，从织物的反面将线拉出。

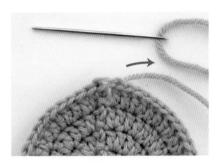

5 拉动线头调整线圈，使其与其他针目头部大小一致。

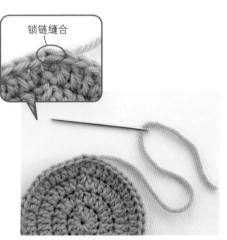

锁链缝合

6 完成锁链缝合。步骤 **3~5** 穿出的线圈看上去就像针目的头部。

处理线头的方法

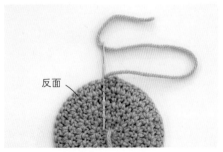

反面

1 将线头穿入缝针，在织物的反面一点一点挑线，将线穿入 4~5cm。

2 取下缝针，贴着织物剪掉露在外面的多余线头。编织起点的线头也用相同方法处理。

● 穿线收紧

在编织终点的针目头部穿线后收紧,织物就会收拢变圆。
在帽子和玩偶等作品中经常使用这种方法。

编织终点的收针方法

※ 为了便于理解,使用了不同颜色的线。

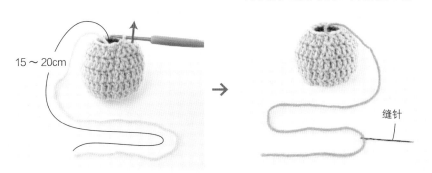

15～20cm

缝针

1 最后一针完成后,留出 15~20cm 的线头剪断。如箭头所示拉长线圈,直到
拉出线头,穿入缝针。
※ 线头的长度请根据织物的周长调整。

2 如箭头所示,在最后一行针目头部
的前面 1 根线里挑针。

3 用相同方法在所有针目里挑针。

4 所有针目挑针完成后,拉动线头,
收紧织物。

5 最后收紧的状态。

处理线头的方法

里面塞入填充棉和零线的情况

将织物翻至反面的情况

反面

1 在收紧后的针目中心插入缝针,从
合适的位置穿出针头,拔出缝针,
将线拉出。

2 贴着织物表面将线剪断,轻轻揉捏
织物,使线头藏到织物里。

在织物的反面一点一点挑线,将线穿入
4~5cm。取下缝针,贴着织物剪掉多余
的线头。

73

熨烫整理

织物编织结束后，用蒸汽熨斗熨烫，可以使针目更加平整，作品更加美观。

※ 熨烫前，请务必确认线材标签上的熨烫说明。

1 准备蒸汽熨斗和熨烫台。

U 形别针

没有 U 形别针的情况，也可以用定位针代替。

如果熨斗直接接触织物，就会破坏针目的弹性和手感，需要特别注意！

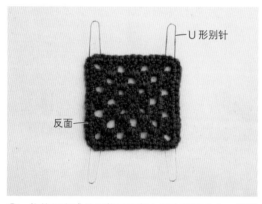

U 形别针

反面

2 将编织完成的织物反面朝上放在熨烫台上。整理织物的形状，在多处插上 U 形别针将织物固定在熨烫台上，作品会更加平整。

3 熨斗不要直接碰到织物，悬空 3cm 左右，整体喷上蒸汽熨烫。熨烫结束后，暂时放置一边，等织物冷却后再取下别针。

熨烫前

熨烫后

熨烫前，织物呈现起皱歪斜的状态。熨烫后变得平整又美观。

毛衣的情况

熨烫前 熨烫后

在做拼缝前，先从各部分织片的反面进行蒸汽熨烫。不仅后续拼缝起来更加方便，最后完成的作品也会更加精美，建议仔细熨烫。

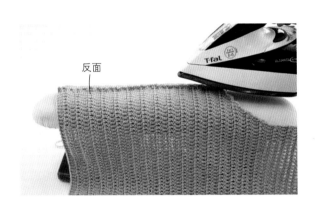

反面

拼缝结束后，再熨烫整理一次。从反面对拼缝部位蒸汽熨烫，使其更加伏贴。
因为毛衣是立体作品，使用烫袖凳等工具更方便熨烫拼缝部位。

烫袖凳

圆形作品（花片等）的情况

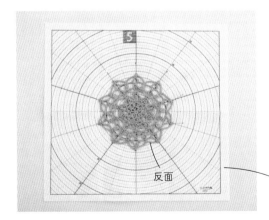

反面

定型用衬纸

熨烫圆形作品时，使用标有引导线的衬纸会更加方便。
将定型用衬纸放在熨烫台上，再将编织完成的织物反面朝上放在衬纸上。一边沿着引导线整理织物，一边用U形别针或定位针固定，再进行蒸汽熨烫。

针目与针目的连接方法

织物的拼缝通常会用到钩针或缝针，总体分为两种：
将 2 片织物的针目与针目连接在一起，以及将行与行连接在一起。
下面介绍针目与针目的连接方法，请根据织物的具体情况选择合适的方法。

● 引拔接合

用钩针在针目头部挑针，钩织引拔针。

正面朝内对齐，分别在针目头部的 2 根线里挑针

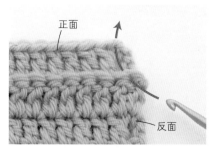

1 将 2 片织物正面朝内对齐，如箭头所示在边针的头部插入钩针。

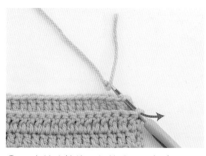

2 在针头挂线，如箭头所示拉出。

3 如箭头所示插入钩针，分别在头部 2 根线里挑针。

4 在针头挂线，一次性引拔。

5 引拔后的状态。下一针也用相同方法插入钩针引拔。

6 重复相同操作。

7 引拔至最后一针的状态。

8 从正面看到的接合处的状态。

● 短针接合

用钩针在针目头部挑针，钩织短针。接合部分呈立体的突起状态。

正面朝外对齐，分别在针目头部的 2 根线里挑针

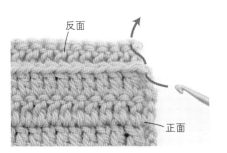

反面

正面

1　将 2 片织物正面朝外对齐，如箭头所示在边针的头部插入钩针。

2　在针头挂线，如箭头所示拉出。

3　立织 1 针锁针。

4　如箭头所示插入钩针，分别在针目头部的 2 根线里挑针。

5　在针头挂线，如箭头所示拉出。

6　钩织短针。

7　短针完成后的状态。下一针也用相同方法插入钩针。

8　在针头挂线后拉出，钩织短针。

9　重复相同操作。

10　钩织至最后一针的状态。

11　从正面看到的接合处的状态。接合部分呈立体的突起状态。

● 卷针缝合　用缝针在针目头部的2根线或1根线里挑针缝合。

全针的卷针缝合（正面朝内对齐，分别在针目头部的2根线里挑针）

1　将2片织物正面朝内对齐，将线穿入缝针，如箭头所示在边针里插入缝针。

2　如箭头所示插入缝针，分别在针目头部的2根线里挑针。

3　下一针也用相同方法插入缝针，将线拉紧。

4　重复相同操作。

5　最后一针如箭头所示插入缝针。

6　缝合至最后的状态。

7　从正面看到的缝合处的状态。

半针的卷针缝合（正面朝内对齐，分别在针目头部的1根线里挑针）

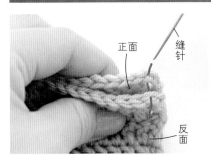

正面
缝针
反面

1　将2片织物正面朝内对齐，将线穿入缝针，如箭头所示在边针里插入缝针。

2　如箭头所示插入缝针，分别在针目头部的1根线里挑针。

3　下一针也用相同方法插入缝针，将线拉紧。

4　重复相同操作。

5　最后一针如箭头所示插入缝针。

6　缝合至最后的状态。

7　从正面看到的缝合处的状态。从外观上看与p.78"全针的卷针缝合"相同，因为只在针目头部的1根线里挑针，所以缝合处更薄一些。

半针的卷针缝合（正面朝外对齐，分别在针目头部的 1 根线里挑针）

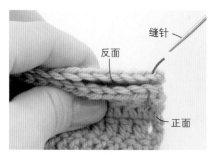

缝针
反面
正面

1 将 2 片织物正面朝外对齐，将线穿入缝针，如箭头所示在边针里插入缝针。

2 如箭头所示插入缝针，分别在针目头部的 1 根线里挑针。

3 下一针也用相同方法插入缝针，将线拉紧。

4 重复相同操作。

5 最后一针如箭头所示插入缝针。

6 缝合至最后的状态。

7 从正面看到的缝合处的状态。针目头部剩下的 1 根线呈条纹状。

● 钩锁针和引拔针接合

正面朝内对齐，整段挑针

网格针和方眼针等花样的情况，一边加入锁针一边做引拔接合。锁针的数量根据织物的具体情况调整。

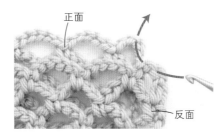

正面

反面

1 将2片织物正面朝内对齐，在边针里插入钩针。

2 在针头挂线后拉出。

3 在针头挂线引拔。

锁针

4 接着钩织锁针。如箭头所示插入钩针，整段挑起锁针。

5 在针头挂线，如箭头所示一次性引拔。

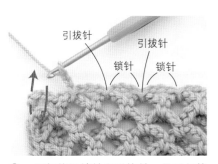

引拔针　引拔针

锁针　锁针

6 重复钩织锁针和引拔针，最后如箭头所示插入钩针引拔。

7 接合至最后的状态。

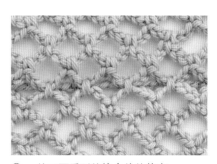

8 从正面看到的接合处的状态。

● 钩锁针和短针接合

正面朝内对齐，整段挑针

与"钩锁针和引拔针接合"相同，重复钩织锁针和短针接合。

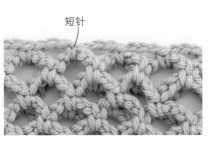

短针

1 将"钩锁针和引拔针接合"中的引拔针部分换成短针。

2 从正面看到的接合处的状态。

行与行的连接方法

这里介绍的是常用的连接 2 片织物的行与行的方法。
请根据织物的具体情况选择合适的方法。

● 引拔接合

用钩针在织物的边针里挑针，钩织引拔针。

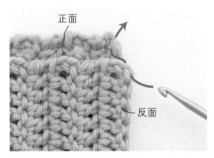

正面

反面

1 将 2 片织物正面朝内对齐，如箭头所示在边针里插入钩针。

2 在针头挂线后拉出。

3 如箭头所示分开边针插入钩针。

4 在针头挂线，一次性引拔。

5 引拔后的状态。接着用相同方法插入钩针引拔。

6 重复相同操作。

7 引拔至末端的状态。

8 从正面看到的接合处的状态。

● 钩锁针和引拔针接合

在行与行的交界处插入钩针引拔。接着钩织锁针至下一个行与行的交界处。
锁针的数量根据织物的具体情况调整。

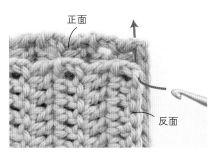

1　将2片织物正面朝内对齐，如箭头
　　所示在边针里插入钩针。

2　在针头挂线后拉出。

3　在针头挂线引拔。

4　钩织锁针。

5　如箭头所示，在行与行的交界处插
　　入钩针。

6　在针头挂线，一次性引拔。

7　钩织锁针。

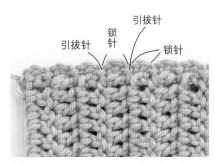

8　用相同方法重复钩织锁针和引拔针。

9　从正面看到的接合处的状态。

● 钩锁针和短针接合

在行与行的交界处插入钩针，钩织短针。接着钩织锁针至下一个行与行的交界处。
锁针的数量根据织物的具体情况调整。

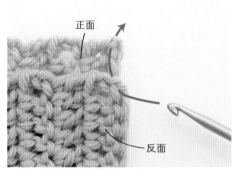

正面

反面

1 将2片织物正面朝内对齐，如箭头所示在边针里插入钩针。

2 在针头挂线后拉出。

3 在针头挂线引拔。

4 立织1针锁针。

5 在步骤1相同位置插入钩针。

6 在针头挂线后拉出。

7　在针头挂线引拔，钩织短针。

8　短针完成后的状态。接着钩织锁针。

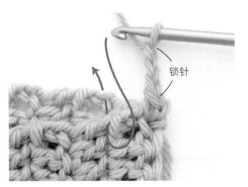

锁针

9　在行与行的交界处插入钩针。

10　钩织短针。

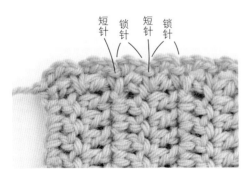

短针　锁针　短针　锁针

11　用相同方法重复钩织锁针和短针。

12　从正面看到的接合处的状态。

● **挑针缝合**　　对齐织物，用缝针交替在边针里挑针。

短针的情况

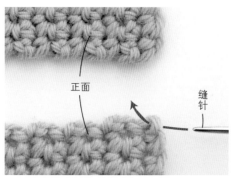

1　看着2片织物的正面缝合。将线穿入缝针，如箭头所示在边针里挑针。

2　如箭头所示，交替在2片织物上挑针。

3　重复相同操作。交替在行的交界处和针目的反面挑针。

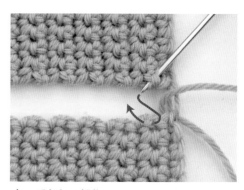

4　重复相同操作。

5　缝合至中间的状态。（实际操作时，一边挑针一边将线拉紧至看不到线迹为止。）

6　缝合至末端。

长针的情况

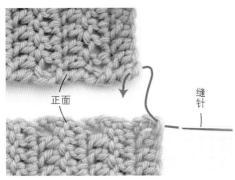

正面　缝针

1　看着2片织物的正面缝合。将线穿入缝针，如箭头所示在边针里挑针。

2　如箭头所示，交替在边针里挑针。

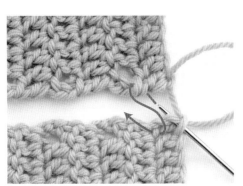

3　重复相同操作。长针的情况，如果行高错位就会很明显，务必在行与行的交界处挑针，统一高度。

4　重复相同操作。

5　缝合至中间的状态。（实际操作时，一边挑针一边将线拉紧至看不到线迹为止。）

6　从正面看到的缝合处的状态。

花片的连接方法

花片不仅可以单独使用，还可以将若干花片连接在一起，丰富它的应用范围。

花片的连接分为"一边钩织花片一边在最后一行连接"和"事后连接花片"两种。

请根据花片的形状和作品的具体情况选择合适的方法连接。

● 一边钩织花片一边在最后一行连接

引拔连接的方法

1 完成第1个花片。

2 钩织第2个花片至最后一行的连接位置前，如箭头所示从第1个花片的正面插入钩针。

3 在针头挂线引拔。

4 花片的1处连接完成。

5 接着钩2针锁针，继续钩织花片。

6 用相同方法连接另一处，完成最后一行剩下的部分。

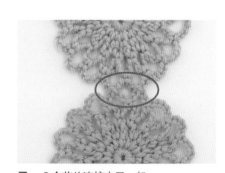

7 2个花片连接在了一起。

引拔连接的方法（暂时取下钩针的情况）

暂时取下钩针与不取下钩针直接连接的方法（p.88）相比，连接位置针目的重叠方法看上去不一样。

1　完成第1个花片。

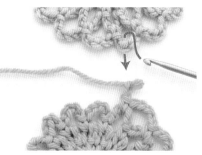

2　钩织第2个花片至最后一行的连接位置前，暂时取下钩针，如箭头所示从第1个花片的正面插入钩针。

3　在刚才取下的针目里再次插入钩针，如箭头所示拉出。

4　在针头挂线，如箭头所示引拔。

5　花片的1处连接完成。

6　接着钩2针锁针，继续钩织花片。

7　继续钩织花片的最后一行。

8　用相同方法连接另一处，完成最后一行剩下的部分。

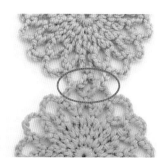

9　2个花片连接在了一起。

短针连接的方法

1 完成第 1 个花片。

2 钩织第 2 个花片至最后一行的连接位置前，如箭头所示从第 1 个花片的反面插入钩针。此时，从编织线的下方穿过针头。

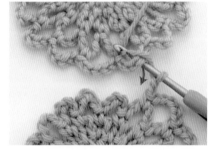

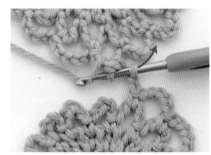

3 在针头挂线，如箭头所示拉出。

4 在针头挂线，如箭头所示引拔，完成短针。

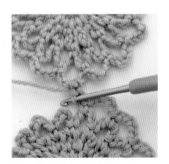

5 花片的 1 处连接完成。

6 继续钩织花片。

7 用相同方法连接另一处，完成最后一行剩下的部分。

8 2 个花片连接在了一起。

在针目头部连接的方法

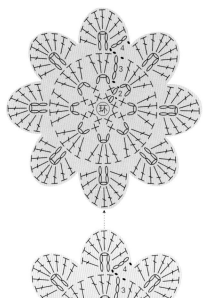

1 完成第1个花片。

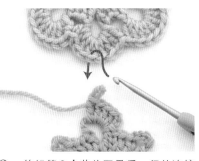

2 钩织第2个花片至最后一行的连接位置，暂时取下钩针，如箭头所示在第1个花片待连接的针目里插入钩针。

3 在刚才取下的针目里再次插入钩针，如箭头所示拉出。

4 拉出后的状态。花片连接在了一起。

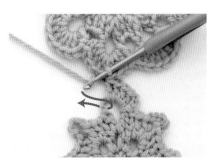

5 继续钩织花片。在针头挂线，钩1针长针。

6 长针完成后的状态。继续完成花片的最后一行。

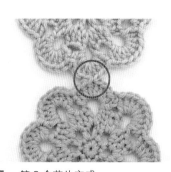

7 第2个花片完成。

在长针头部连接的方法

1 完成第1个花片。

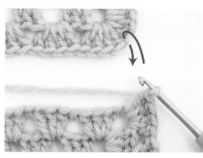

2 钩织第2个花片至最后一行的连接位置前，如箭头所示在第1个花片的长针头部2根线里插入钩针。

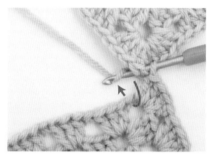

3 在针头挂线，如箭头所示在第2个花片里插入钩针。

4 再次在针头挂线，如箭头所示拉出。

5 在针头挂线，如箭头所示引拔穿过2个线圈。

6 在针头挂线，如箭头所示引拔穿过剩下的所有线圈。

7 长针完成。花片在长针头部连接在了一起。下一针也用相同方法插入钩针。

8 在针头挂线，钩织长针。

9 重复相同操作连接，完成最后一行剩下的部分。

10 2个花片连接在了一起。

● 事后连接花片

卷针缝合

全针的卷针缝合
（参照 p.78）

1　将线穿入缝针，如箭头所示插入缝针，分别在针目头部 2 根线里挑针。

2　从正面看到的缝合处的状态。因为在 2 根线里挑针，缝合处比较结实稳定。

半针的卷针缝合
（参照 p.80）

1　将线穿入缝针，如箭头所示插入缝针，分别在针目头部 1 根线里挑针。

2　从正面看到的缝合处的状态。针目头部剩下的 1 根线呈条纹状。

引拔接合
（参照 p.76）

1　将 2 个花片正面朝外对齐，如箭头所示插入钩针，分别在针目头部 2 根线里挑针，钩织引拔针。

2　从正面看到的接合处的状态。接合处呈突起状态，仿佛一条镶边。

短针接合
（参照 p.77）

1　将 2 个花片正面朝外对齐，如箭头所示插入钩针，分别在针目头部 2 根线里挑针，钩织短针。

2　从正面看到的接合处的状态。接合处呈突起状态，仿佛粗粗的镶边。

扣眼和纽扣

● 扣眼的制作方法

分为一边钩织一边制作扣眼的方法、钩织完成后制作扣眼的方法。

在短针织物中留出扣眼

※ 为了便于理解，使用了不同颜色的线。

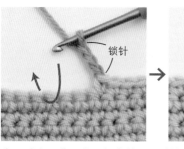

1　在扣眼位置钩织指定数量的锁针。接着，在前一行跳过几针如箭头所示插入钩针，钩织短针。

2　下一行在步骤1的锁针上整段挑针，钩织短针。

3　1针短针完成。用相同方法钩织指定数量的短针。

4　接着，如箭头所示在前一行针目的头部插入钩针，钩织短针。

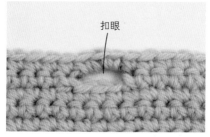

5　留出小孔的部分就是扣眼。

用扣眼绣制作纽襻

※ 为了便于理解，使用了不同颜色的线。

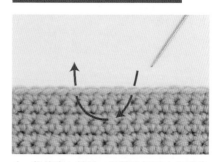

1　将线穿入缝针，如箭头所示在纽襻位置的针目头部2根线里挑针。

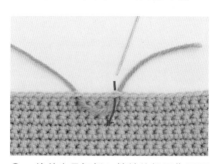

2　接着在最初插入缝针的相同位置再次入针。

3　织物的前面和后面形成渡线。这就是纽襻的芯线。

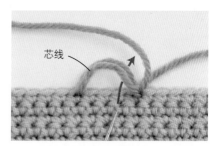

4　重叠2根芯线，如箭头所示插入缝针。（芯线的长度根据纽扣的大小调整。）

5　如箭头所示将线挂在针头。

6　直接向上拔出缝针，轻轻地拉紧线。

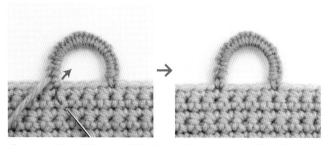

7 重复步骤 4~6。

8 重复做扣眼绣，直到看不见芯线为止。最后如箭头所示在穿入芯线的同一个针目里插入缝针，在反面做好线头处理。

● 纽扣的缝法

缝纽扣时一般使用编织线。如果太粗，请使用"分股线"。
如果编织线不够结实，可以使用缝纽扣或锁扣眼的专用线。

※ 为了便于理解，这里使用了和织物颜色不同的线。

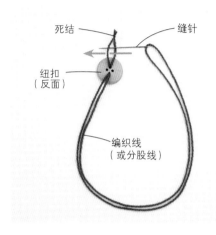

1 将编织线（或分股线）穿入缝针，在线头打上死结，穿入纽扣。

2 将纽扣缝在指定位置。

3 在织物和纽扣之间绕线。（绕线次数根据织物的厚度调整。）

4 根据织物的厚度确定线柱的高度，最后在反面打结固定。

分股线 将编织线松捻开，留下粗细适中的几股线，抽掉多余股数的细线，再将留下的几股线重新捻合。

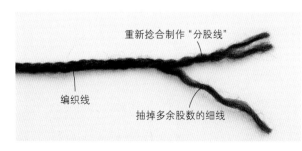

重新捻合制作"分股线"

编织线

抽掉多余股数的细线

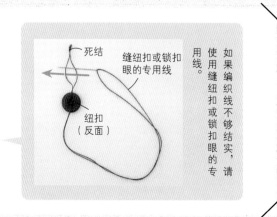

如果编织线不够结实，请使用缝纽扣或锁扣眼的专用线。

细绳的钩织方法

● 引拔针钩织的细绳

1 钩织所需数量的锁针（注意针目不要钩得太紧）。

2 如箭头所示，在锁针的里山1根线里插入钩针。

3 在针头挂线，一次性引拔。

4 引拔针完成。下一针也用相同方法插入钩针，钩织引拔针。

5 用相同方法在每个针目里钩织引拔针。

6 最后一针完成后的状态。

● 罗纹绳

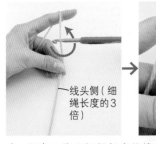

——线头侧（细绳长度的3倍）

1 留出3倍于细绳长度的线头，挂在左手上。将钩针抵在线的后面，如箭头所示转动1圈，将线绕在针上。

2 在针头挂线后拉出。

3 将线头从前往后挂在针上。

4 如箭头所示在针头挂线。

5 一次性引拔。

6 用相同方法，重复步骤3~5继续钩织。

7 最后拉出针上的线圈，做好线头处理。

● 虾辫

1　将钩针抵在线的后面，如箭头所示转动1圈，将线绕在针上。

2　在针头挂线后拉出。

3　拉出后的状态。不要收紧最初的线圈，保持松松的状态。

4　钩1针锁针，如箭头所示在最初的线圈中插入钩针，将线拉出。

5　在针头挂线，一次性引拔。

6　引拔后的状态。拉动线头侧，收紧最初的线圈。

7　右手握住钩针不动，朝箭头所示方向翻转织物。

8　如箭头所示在2根线里插入钩针。

9　挂线后拉出。

10　在针头挂线，一次性引拔。

11　右手握住钩针不动，朝箭头所示方向翻转织物。

12　如箭头所示在2根线里插入钩针，挂线后拉出。

13　在针头挂线，一次性引拔。

14　用相同方法，重复步骤11~13继续钩织。

15　最后拉出针上的线圈，做好线头处理。

其他技巧

下面介绍的技法主要用于作品的装饰和点缀。
这些作为编织小技巧，学会后也将非常实用。

● 流苏的系法

※ 为了便于理解，使用了不同颜色的编织线和流苏用线。

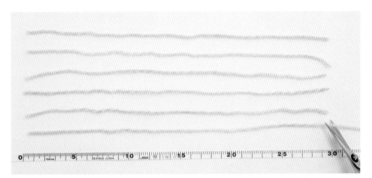

1 将流苏用线剪至指定长度，准备所需根数（1束流苏所需根数 × 流苏的数量）。

2 取1束流苏所需根数的线，对折。

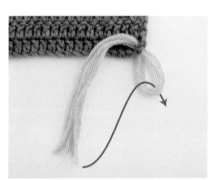

3 在系流苏的位置，从织物的反面插入钩针，在正面出针。

4 将对折的流苏用线一起挂在钩针上，如箭头所示拉出至反面。

5 如箭头所示，在刚才拉出至反面的线环中穿过线头。

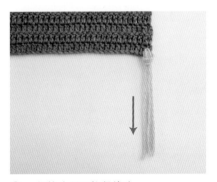

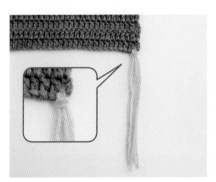

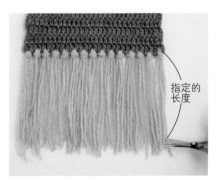

6 如箭头所示拉紧线头。

7 这样就系好了1处流苏。

8 所有流苏都系好后，将线头修剪至指定的长度。

指定的长度

● 绒球的制作方法

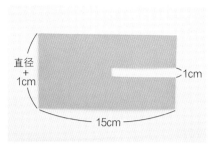

1　将厚纸剪成图中所示形状。

2　在厚纸的左半部分缠绕指定圈数的线。

← 剪断

3　缠绕指定圈数后的状态。将线剪断。

※ 为了便于理解，使用了不同颜色的线。

4　将缠好的线移至厚纸的右半部分。

5　剪2根40~50cm长相同的编织线线并在一起，穿过厚纸的豁口缠绕2圈，拉紧后打2次结。

6　从厚纸上取下绕好的线。

如果线不够结实，就不要用相同的编织线，可以用更结实的风筝线等扎紧。

7　用剪刀剪断上、下两端的线环部分。

8　修剪线头，按指定直径修剪出漂亮的球形。此时，注意不要剪到中间扎紧的线。

绒球的直径

9　绒球就完成了。用中间扎紧的线将其缝在帽顶等位置。

用2根线制作绒球的情况

将2根线合股，用相同方法在厚纸上缠绕指定圈数制作绒球。

（2根以上的线合股时，也用相同方法制作。）

　→　

● 穗子的制作方法

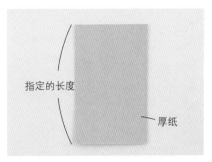

1 将厚纸剪成指定的长度。

2 在厚纸上缠绕指定圈数的线。

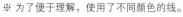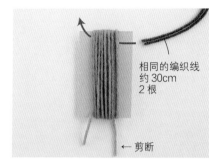

3 缠绕指定圈数后将线剪断。剪2根30cm左右相同的编织线并在一起，穿过所绕线圈和厚纸之间，在上端紧紧地打2次结。

4 紧紧地打了2次结。

5 从厚纸上取下绕好的线。

6 剪2根30cm左右的相同的编织线并在一起，上端空出指定尺寸缠绕2~3圈线，拉紧后打2次结。

7 用剪刀剪断下端的线环部分。

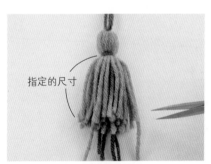

8 连同步骤6中扎紧的线，将线头修剪至指定的尺寸。此时，注意不要剪到上端扎紧的线。

9 穗子就完成了。用上端扎紧的线将其系在织物等物品上。

第 5 章 编织作品

学会基础技法后，试试编织作品吧。

通过实际编织作品，可以更加扎实地掌握钩针编织。

本章介绍的作品使用基础技巧就可以编织完成。

参考前几章的编织方法以及下一章的针法符号，

赶紧开始编织吧！

编织方法
p.103

花朵胸针和发圈

花瓣重叠的立体小花用少量线就可以轻松完成，
一定要尝试一下。
可以加上叶子，或者调整花瓣的行数⋯⋯
不妨按个人喜好试试改编。

设计 / 深尾幸代
使用线 / 和麻纳卡 Paume Lily（水果染）

p.102 **1** 花朵胸针和发圈

＊使用线

和麻纳卡 Paume Lily（水果染）

a 杏色（502）5g
　　甜瓜色（504）2g
b 洋梨色（501）3g
c 柠檬色（503）5g

＊工具

钩针5/0号

＊其他材料

a、b 胸针（25mm）各1个

c 发圈

＊成品尺寸

a 纵向9cm，横向9.5cm
b 花片纵向5.5cm，横向6cm
c 纵向6.5cm，横向7cm

＊编织方法

1. 用线头环形起针，钩织花片。
2. a锁针起针后钩织叶子。
3. a将叶子缝在花片上，然后在花片的反面缝上胸针。b在花片的反面缝上胸针。c在花片的反面缝上发圈。

a、b、c 花片的编织符号图

a杏色　b洋梨色　c柠檬色
5/0号针

※ b 钩织至第6行。

※第3、5、7行的短针是将前一行针目倒向前面，在前2行的短针里挑针钩织（在前一行短针挑针的同一个针目里插入钩针钩织）。

a 叶子的编织符号图

（2片）
甜瓜色 5/0号针

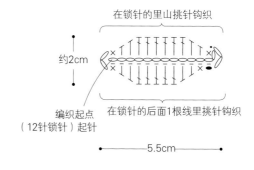

在锁针的里山挑针钩织

约2cm

编织起点
（12针锁针）起针

在锁针的后面1根线里挑针钩织

5.5cm

※ 编织终点留出30cm左右的线头。

b 组合方法

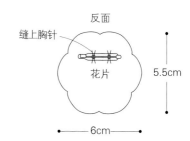

反面

缝上胸针

花片

5.5cm

6cm

a 组合方法

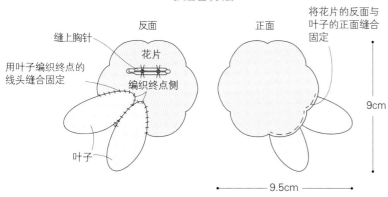

反面

缝上胸针

用叶子编织终点的线头缝合固定

花片

编织终点侧

叶子

正面

将花片的反面与叶子的正面缝合固定

9cm

9.5cm

c 组合方法

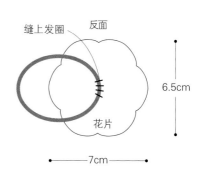

缝上发圈

反面

花片

6.5cm

7cm

编织方法
p.108

2

连接花片的午餐垫

长针和锁针组成的祖母花片是钩针编织的经典花片。

一边配色编织一边做连接，完成了这款午餐垫。

不同的配色营造出不一样的氛围，可以同时享受色彩搭配的乐趣。

设计 / 久富素子

使用线 / 芭贝 Cotton Kona

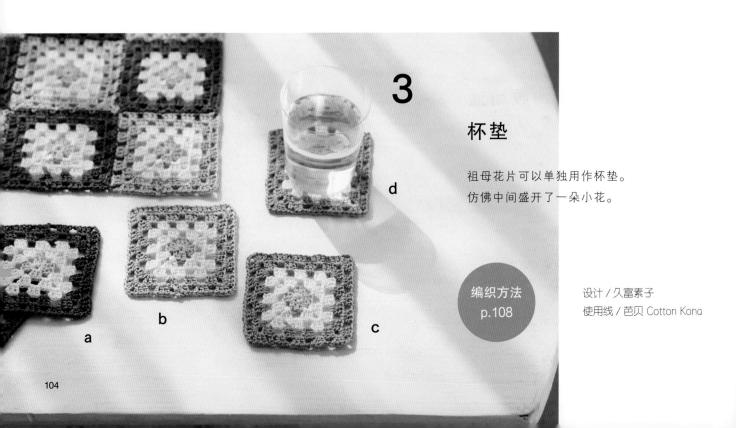

3

杯垫

祖母花片可以单独用作杯垫。

仿佛中间盛开了一朵小花。

编织方法
p.108

设计 / 久富素子

使用线 / 芭贝 Cotton Kona

a

4

b

编织方法
p.110

椭圆形底部的小物收纳篮

从底部开始一圈圈地钩织短针，
就完成了椭圆形底部的小物收纳篮。
编织图相同，a 使用了双色合股线，
b 编织成了条纹花样。
这两款作品非常适合用来练习短针。

设计 / 中山纱香
使用线 / 达摩手编线 Stripes

枣形针花样的帽子

凹凸有致的枣形针花样十分可爱，
这款帽子的设计经典又很受欢迎。
再用相同的线制作大大的绒球加以点缀。

5

编织方法
p.111

设计／高桥沙绘
使用线／和麻纳卡 Aran Tweed

配色花样的护腕

这是用短针配色编织的三角形花样的护腕。
做往返编织无须加减针，
只要留出拇指孔简单缝合即可。

6

编织方法
p.112

设计／桥本真由子
使用线／达摩手编线 Soft Lambs

p.104 **2** 连接花片的午餐垫
3 杯垫

＊使用线
芭贝 Cotton Kona

2 米白色（2）25g
米色（64）20g
黄色（52）15g
卡其色（51）10g
褐色（70）10g

3-a 卡其色（51）3g
米白色（2）2g
黄色（52）1g

3-b 米色（64）3g
米白色（2）2g
黄色（52）1g

3-c 粉红色（56）3g
米白色（2）2g
黄色（52）1g

3-d 蓝色（63）3g
米白色（2）2g
黄色（52）1g

＊工具
钩针5/0号

＊成品尺寸
2 纵向27cm，横向36cm
3 纵向9cm，横向9cm

＊编织方法
2
1. 用锁针环形起针，钩织1个花片A。
2. 从第2个花片开始，一边钩织花片一边在最后一行与相邻花片做连接。一共钩织12个花片（A~C）。

3
用锁针环形起针，钩织花片。

2 花片A~C的编织符号图
3 花片的编织符号图
5/0号针

9cm

9cm

2 花片A~C的配色和片数

花片	第1行	第2、3行	第4、5行	片数
A	黄色	米白色	米色	6片
B			卡其色	3片
C			褐色	3片

3 花片的配色

花片	第1行	第2、3行	第4、5行
a	黄色	米白色	卡其色
b			米色
c			粉红色
d			蓝色

2 花片A~C的排列方法
※数字表示连接花片的顺序。

B 12	A 11	C 10	A 9
A 8	C 7	A 6	B 5
C 4	A 3	B 2	A 1

27cm（3个花片）

36cm（4个花片）

2 花片A~C的连接方法

※在箭头顶端所指针目里做引拔连接。

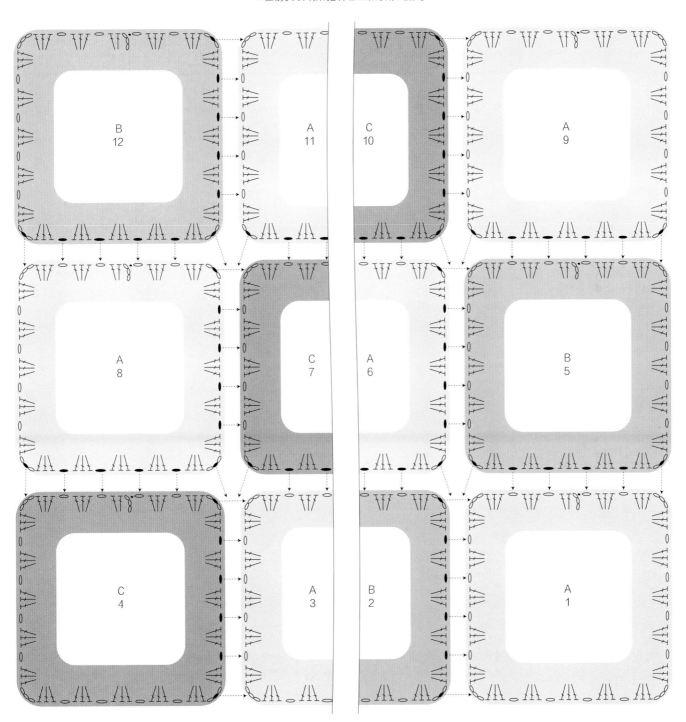

p.105 **4** 椭圆形底部的小物收纳篮

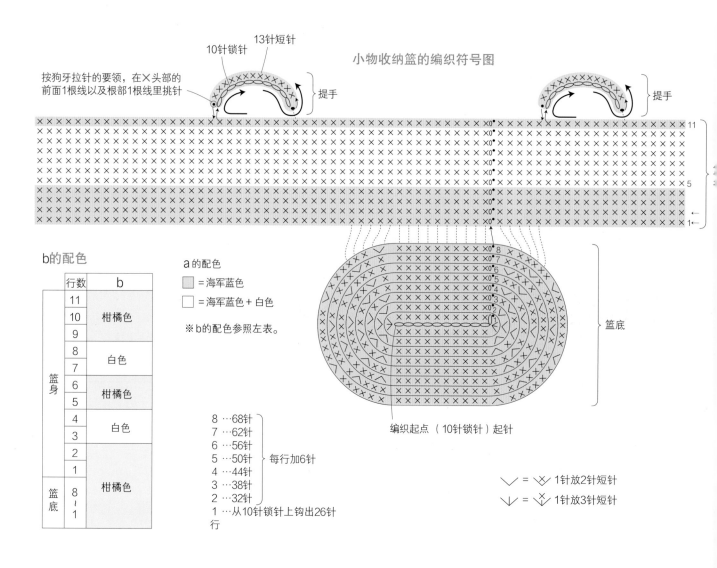

*使用线
达摩手编线 Stripes
a 海军蓝色（7）20g
　海军蓝色＋白色（6）10g
b 柑橘色（5）23g
　白色（1）7g

*工具
钩针7/0号

*编织密度（10cm×10cm面积内）
短针 16针，18行

*成品尺寸
底部14cm×8cm，深6cm

*编织方法
锁针起针后，用短针环形钩织篮底和篮身。
篮身的最后一行在中途钩织提手。

小物收纳篮
短针 7/0号针

※配色参照编织符号图或配色表。

提手
（参照编织符号图）

26针　　　　26针
8针　　篮身　　8针
环形编织
6cm
（11行）
42cm（68针锁针）起针

4cm（8行）　　篮底

68针
6cm
（10针锁针）起针

※加针参照编织符号图

小物收纳篮的编织符号图

10针锁针　13针短针

按狗牙拉针的要领，在×头部的
前面1根线以及根部1根线里挑针

提手

提手

11

5

1

编织起点（10针锁针）起针

篮底

b的配色

行数	b
11	柑橘色
10	柑橘色
9	柑橘色
8	白色
7	白色
6	柑橘色
5	柑橘色
4	白色
3	白色
2	柑橘色
1	柑橘色

篮身：11～1行
篮底：8～1行 柑橘色

a 的配色

▨ ＝海军蓝色
□ ＝海军蓝色＋白色

※b的配色参照左表。

8 …68针
7 …62针
6 …56针
5 …50针　每行加6针
4 …44针
3 …38针
2 …32针
1 …从10针锁针上钩出26针
行

∨ ＝ ⊽ 1针放2针短针

⩔ ＝ ⫫ 1针放3针短针

p.107 **5** 枣形针花样的帽子

＊使用线
和麻纳卡 Aran Tweed
灰色（3）115g

＊工具
钩针6/0号、7.5/0号

＊编织密度（10cm×10cm面积内）
编织花样A 4.5个花样，7行

＊成品尺寸
头围49cm

＊编织方法
1. 锁针起针后，按编织花样A环形钩织帽子主体，在编织终点穿线收紧。
2. 从起针处挑针，按编织花样B环形钩织帽口。
3. 制作绒球，缝在帽顶。

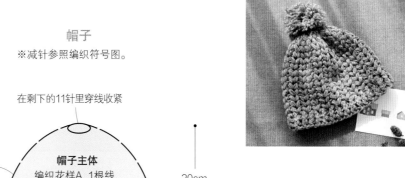

帽子
※减针参照编织符号图。

在剩下的11针里穿线收紧

环形编织

帽子主体
编织花样A 1根线
6/0号针

49cm
（88针锁针、22个花样）
起针，连接成环形

（66针）挑针

20cm（14行）

3.5cm（3行）

帽口
编织花样B 2根线
7.5/0号针

组合方法

将绒球缝在帽顶
（直径10cm，缠绕130圈）

帽子的编织符号图

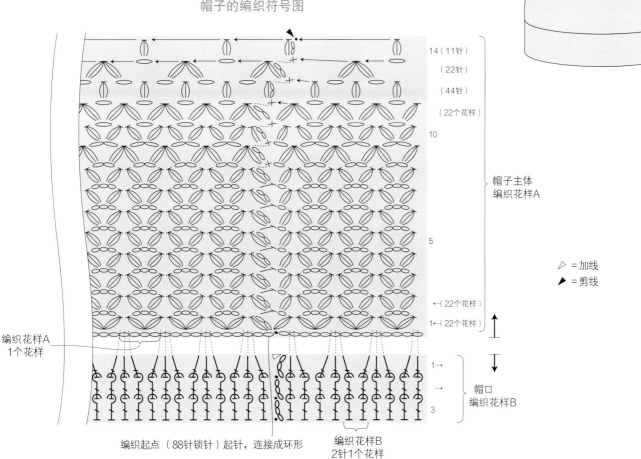

14（11针）
（22针）
（44针）
（22个花样）
10

帽子主体
编织花样A

5

（22个花样）
1←（22个花样）

编织花样A
1个花样

1→

3

帽口
编织花样B

◁ =加线
▶ =剪线

编织起点（88针锁针）起针，连接成环形

编织花样B
2针1个花样

p.107 **6** 配色花样的护腕

＊使用线

达摩手编线 Soft Lambs
橄榄绿色（27）35g
原白色（2）5g
胡萝卜色（26）5g
天蓝色（37）5g
肉桂色（14）4g

＊工具
钩针6/0号

＊编织密度（10cm×10cm面积内）
配色花样　24针，23行

＊成品尺寸
手掌围18cm，长19cm

＊编织方法
1. 锁针起针后，按边缘编织和配色花样（包
   住渡线钩织的方法）钩织护腕。
2. 留出拇指孔，挑针缝合侧边。

护腕

（2片）
6/0号针

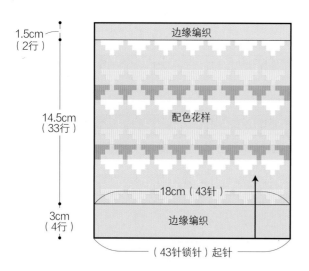

1.5cm
（2行）

边缘编织

14.5cm
（33行）

配色花样

18cm（43针）

3cm
（4行）

边缘编织

（43针锁针）起针

※配色参照编织符号图。

组合方法

留出拇指孔，挑针缝合侧边

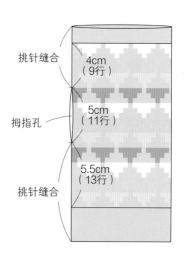

挑针缝合

4cm
（9行）

拇指孔

5cm
（11行）

挑针缝合

5.5cm
（13行）

护腕的编织符号图

☐ =橄榄绿色　　☐ =胡萝卜色　　☐ =天蓝色　　☐ =原白色　　▨ =肉桂色

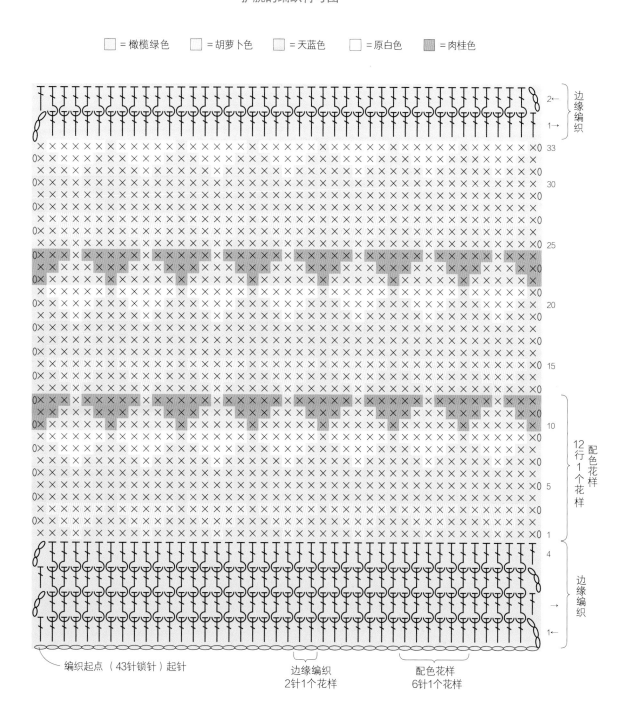

编织起点（43针锁针）起针

边缘编织
2针1个花样

配色花样
6针1个花样

边缘编织

12行1个花样 配色花样

边缘编织

7

编织方法
p.118

阿兰花样的手提包

在长针基础上加入拉针和爆米花针，
阿兰花样是这款手提包的一大亮点。
逐渐成型的花样非常可爱，
有种越编织越停不下来的感觉。
尺寸适中，临时外出时随身携带再合适不过了。

设计 / 桥本真由子
使用线 / 芭贝 Pima Denim

等针直编的宽松背心

前、后身片分别等针直编，
只需接合肩部，结构非常简单。
以长针为基础的编织花样简约又百搭，
可以非常有规律地编织。
宽松的尺寸适合任何体型穿着。

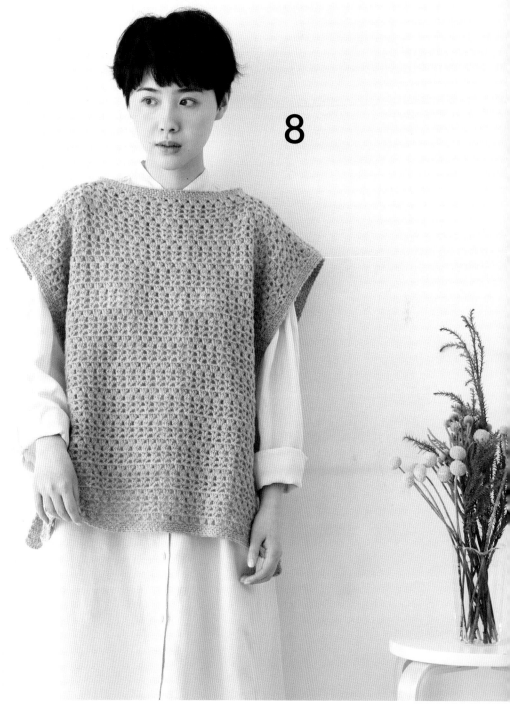

8

侧边用饰带打结固定

设计 / 冈真理子
制作 / 大西二叶
使用线 / 达摩手编线 Airy Wool Alpaca

编织方法
p.120

115

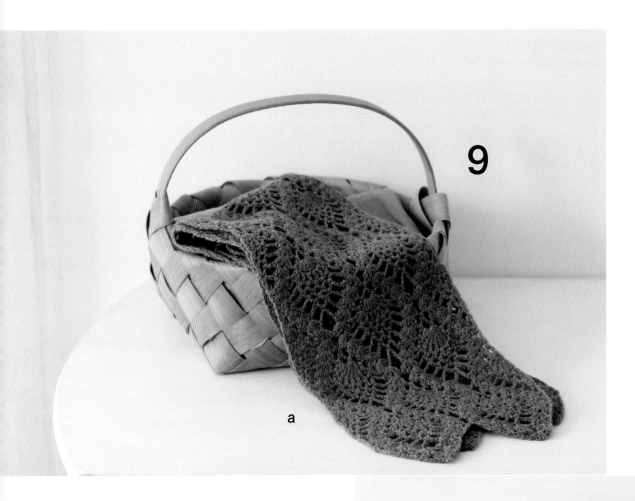

a

9

菠萝花围巾

学会钩针编织后，总想尝试一次菠萝花。
只要掌握重复规律，编织起来出乎意料地顺利。
a 是用冬季线材编织的，质地柔软温暖；
b 是用夏季线材编织的，花样清爽简洁。
同一款围巾可以体验不同材质带来的别样感受。

设计 / 川路祐三子
制作 / 西村久美
使用线 / a 和麻纳卡 Amerry F（粗）
　　　　b 和麻纳卡 Flax K（Lame）

编织方法
p.124

b

蕾丝花样的圆育克套头衫

只有钩针才能编织出如此细腻的蕾丝花样，
这也是这款圆育克套头衫的最大亮点。
身片从圆育克部分挑针钩织。
一年四季都可以享受叠穿的乐趣。

设计 / 川路祐三子
使用线 / 和麻纳卡 Flax Ly

10

编织方法
p.122

p.114 **7** 阿兰花样的手提包

＊使用线
芭贝 Pima Denim
蓝色（109）140g

＊工具
钩针5/0号

＊编织密度（10cm×10cm面积内）
编织花样 23针，12行

＊成品尺寸
纵向约29cm，横向32cm

＊编织方法
1. 锁针起针后，用长针环形钩织包底。
2. 接着按编织花样环形钩织包身。
3. 接着用短针和引拔针钩织包口和提手。
4. 在提手的内侧钩织引拔针整理形状。

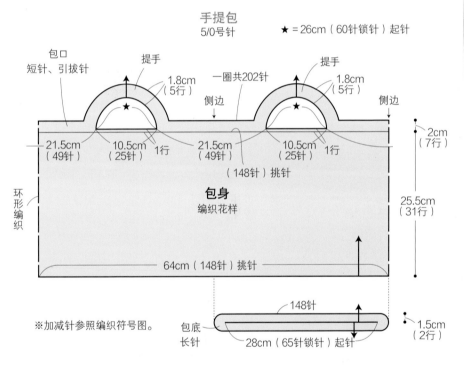

手提包
5/0号针

★ = 26cm（60针锁针）起针

包口
短针、引拔针　提手

1.8cm
（5行）

一圈共202针

侧边

提手

1.8cm
（5行）

侧边

21.5cm
（49针）　10.5cm
（25针）　1行

21.5cm
（49针）　10.5cm
（25针）　1行

（148针）挑针

2cm
（7行）

环形编织

包身
编织花样

25.5cm
（31行）

64cm（148针）挑针

148针

1.5cm
（2行）

※加减针参照编织符号图。

包底
长针

28cm（65针锁针）起针

组合方法

钩1行引拔针整理
形状（85针）

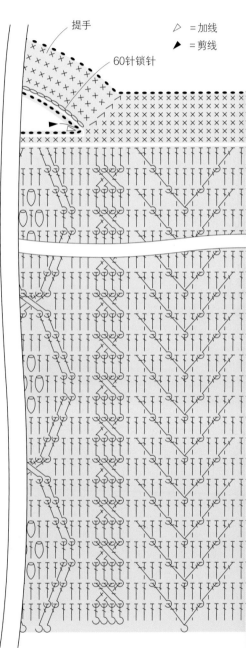

提手

60针锁针

△ = 加线
▶ = 剪线

包底
第2行…148针（加8针）
第1行…从65针锁针上钩出1

∨ 的钩织方法在前一行的同一个针目里钩入2针	① 钩2针 的钩织方法 ② 在①完成的针目后面钩1针 ③ 在①完成的针目前面钩2针
的钩织方法 ① 钩2针 ② 在①完成的针目前面钩2针	= ∧ = 2针短针并1针

手提包的编织符号图

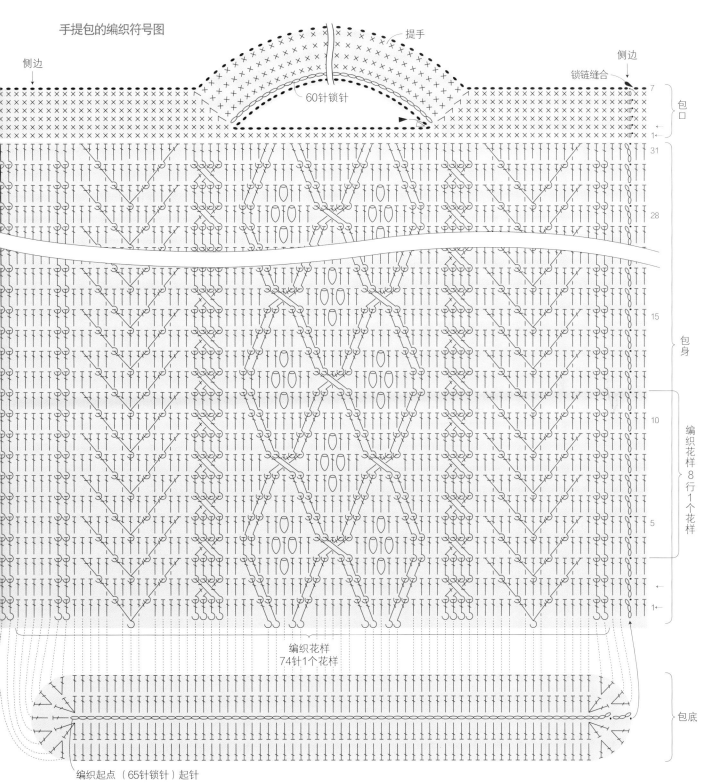

提手

侧边

侧边

锁链缝合

60针锁针

包口

7

1

31

28

15

包身

10

编织花样 8行1个花样

5

1

编织花样
74针1个花样

包底

编织起点（65针锁针）起针

p.115 **8** 等针直编的宽松背心

＊使用线
达摩手编线 Airy Wool Alpaca
浅灰色（7）300g
＊工具
钩针7/0号、6/0号
＊编织密度（10cm×10cm面积内）
编织花样A 23针，9.5行

＊成品尺寸
衣宽60cm，衣长58cm，连肩袖长30cm
＊编织方法
1. 锁针起针后，按编织花样A钩织前、后身片。
2. 肩部做引拔接合。
3. 在前、后身片的侧边、下摆、领口做边缘编织A。
4. 锁针起针后，按编织花样B、边缘编织B钩织饰带，缝在指定位置。

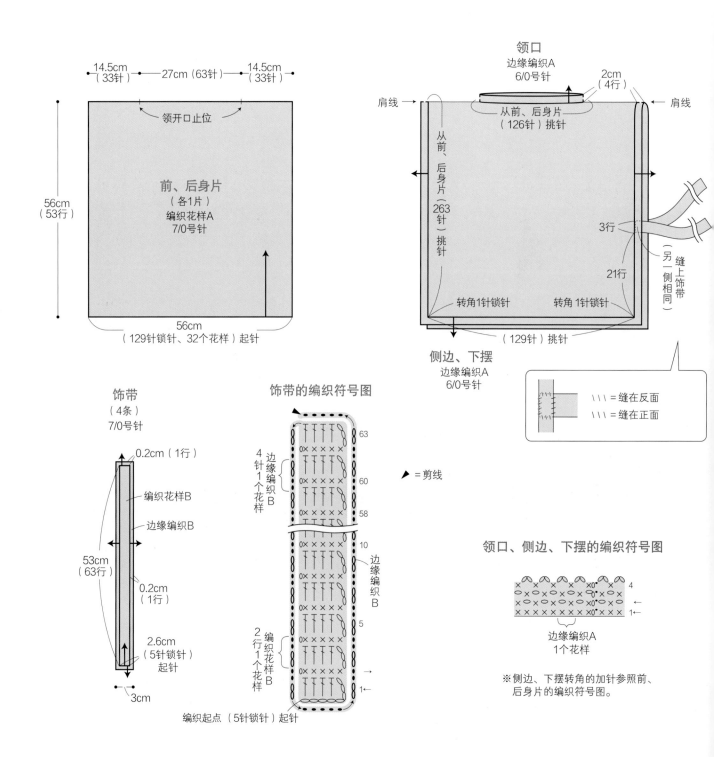

14.5cm（33针） — 27cm（63针） — 14.5cm（33针）

领开口止位

前、后身片
（各1片）
编织花样A
7/0号针

56cm（53行）

56cm
（129针锁针、32个花样）起针

领口
边缘编织A
6/0号针

肩线

2cm（4行）

从前、后身片（126针）挑针

肩线

从前、后身片（263针）挑针

3行

（另一侧相同）

缝上饰带

21行

转角1针锁针　转角1针锁针

（129针）挑针

侧边、下摆
边缘编织A
6/0号针

\\\ = 缝在反面
\\\ = 缝在正面

饰带
（4条）
7/0号针

0.2cm（1行）

编织花样B

边缘编织B

53cm（63行）

0.2cm（1行）

2.6cm（5针锁针）起针

3cm

饰带的编织符号图

63

4针边缘编织B1个花样

60

58

10

边缘编织B

5

2行编织花样B1个花样

1

编织起点（5针锁针）起针

▶ = 剪线

领口、侧边、下摆的编织符号图

4

1

边缘编织A
1个花样

※侧边、下摆转角的加针参照前、后身片的编织符号图。

前、后身片的编织符号图

◁ = 加线

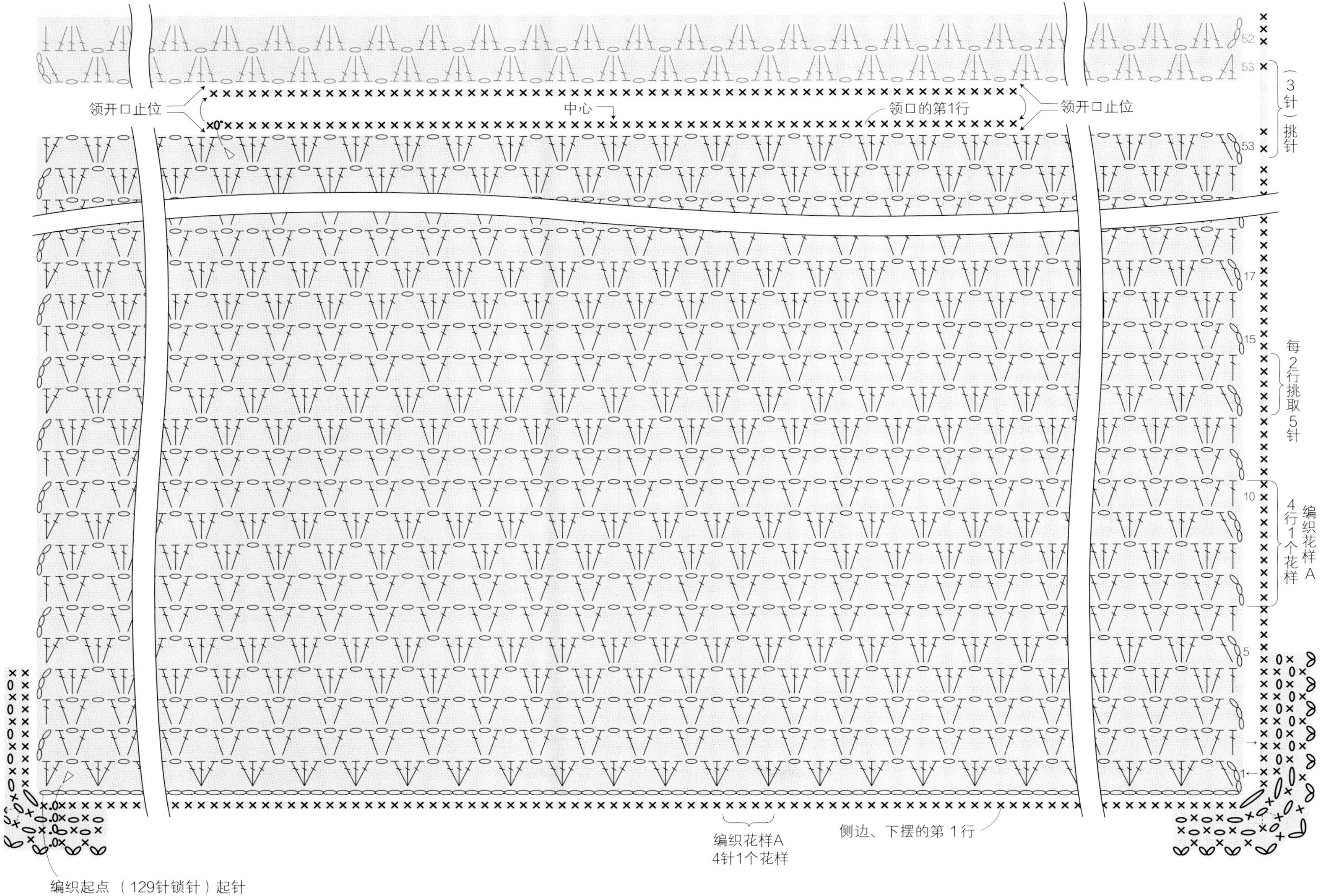
领开口止位
中心
领口的第1行
领开口止位
52
53
53
（3针）挑针
17
15
每2行挑取5针
10
4行1个花样
编织花样A
5
1
侧边、下摆的第 1 行
编织花样A
4针1个花样
编织起点 （129针锁针）起针

p.117 **10** 蕾丝花样的圆育克套头衫

＊使用线
和麻纳卡 Flax Ly
蓝色（805）190g

＊工具
钩针4/0号

＊编织密度
编织花样A（编织终点侧） 1个花样16cm，10行10cm
编织花样B 1个花样4cm，10行10cm

＊成品尺寸
胸围120cm，衣长42cm，连肩袖长约42cm

＊编织方法
1. 锁针起针后，按编织花样A环形钩织育克。
2. 从育克挑针，腋下部分锁针起针，按编织花样B环形钩织前、后身片，接着按边缘编织A钩织下摆。
3. 按边缘编织A和短针环形钩织袖口，按边缘编织B环形钩织领窝。

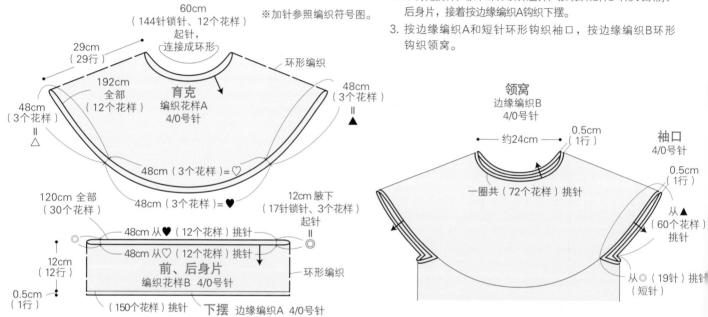

60cm
（144针锁针、12个花样）
起针，
连接成环形

29cm
（29行）

192cm
全部
（12个花样）

育克
编织花样A
4/0号针

环形编织

48cm
（3个花样）
‖
▲

48cm
（3个花样）
‖
△

48cm（3个花样）＝♡

48cm（3个花样）＝♥

120cm 全部
（30个花样）

12cm 腋下
（17针锁针、3个花样）
起针

48cm 从♥（12个花样）挑针

48cm 从♡（12个花样）挑针

12cm
（12行）

0.5cm
（1行）

前、后身片
编织花样B 4/0号针

环形编织

（150个花样）挑针

下摆 边缘编织A 4/0号针

※加针参照编织符号图。

领窝
边缘编织B
4/0号针

约24cm

0.5cm
（1行）

一圈共（72个花样）挑针

袖口
4/0号针

0.5cm
（1行）

从◉
（60个花样）
挑针

从◎（19针）挑针
（短针）

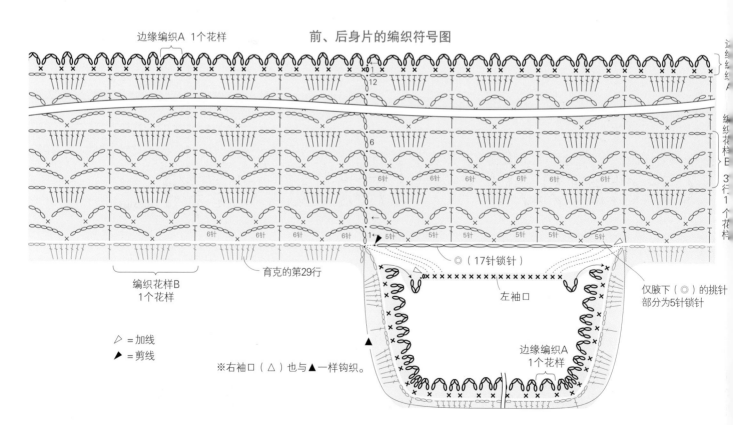

前、后身片的编织符号图

边缘编织A 1个花样

编织花样B
1个花样

育克的第29行

◎（17针锁针）

左袖口

仅腋下（◎）的挑针
部分为5针锁针

边缘编织A
1个花样

╱ =加线

▲ =剪线

※右袖口（△）也与▲一样钩织。

育克的编织符号图

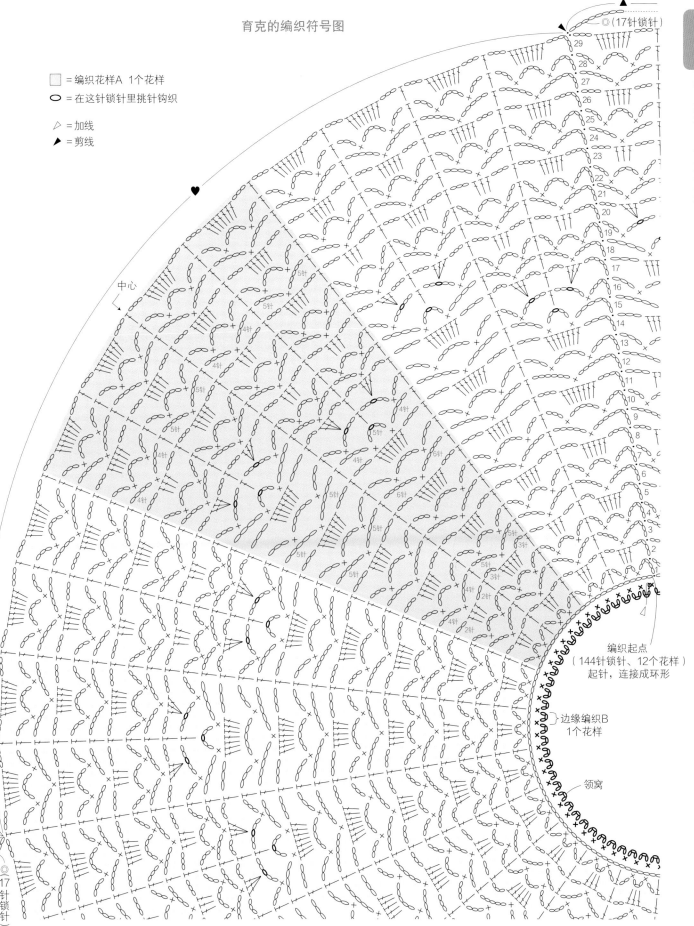

◎(17针锁针)

29
28
27
26
25
24
23
21
20
19
18
17
16
15
14
13
12
11
10
9
8
7
6
5
4
3
2
1

□ = 编织花样A 1个花样

◯ = 在这针锁针里挑针钩织

▷ = 加线

▶ = 剪线

中心

◎(17针锁针)

编织起点
（144针锁针、12个花样）
起针，连接成环形

边缘编织B
1个花样

领窝

123

a

b

p.116 **9** 菠萝花围巾

＊使用线

a 和麻纳卡Amerry F（粗）
雾紫色（511）95g
b 和麻纳卡 Flax K（Lame）
原白色（601）170g

＊工具
钩针4/0号

＊编织密度
编织花样 29.5针10cm，22行20.5cm

＊成品尺寸
宽20cm，长144cm

＊编织方法
1. 锁针起针后，按编织花样钩织。
2. 从起针处挑针，按编织花样钩织另一侧。

▷ = 加线
▶ = 剪线

围巾的编织符号图

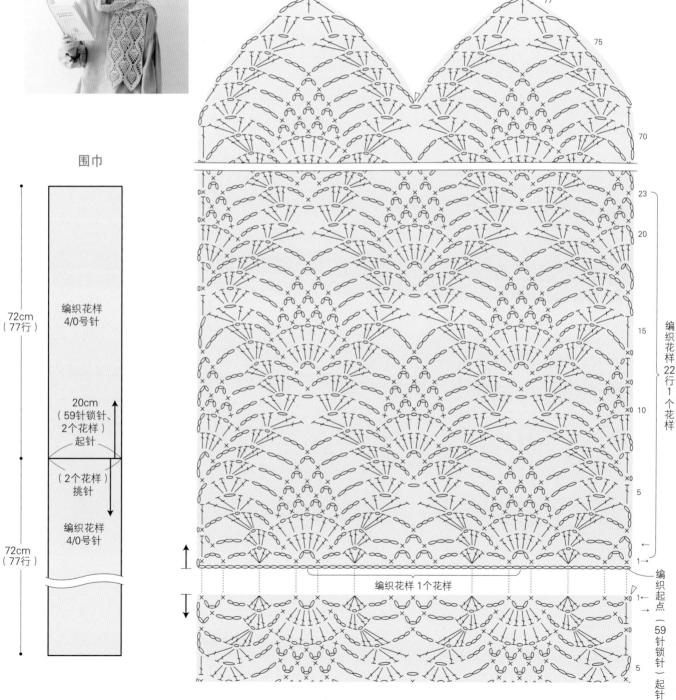

77
75
70

23
20
15
10
5
1

编织花样
22行1个花样

编织花样 1个花样

编织起点
（59针锁针）起针

编织起点
1
5

围巾

72cm
（77行）

编织花样
4/0号针

20cm
（59针锁针、
2个花样）
起针

（2个花样）
挑针

编织花样
4/0号针

72cm
（77行）

第6章 针法符号

本章将对常见针法符号的编织方法进行详细讲解。

编织符号图是由各种针法符号组成的，

只要扎实掌握了针法符号，

挑战复杂的编织花样也不是一件难事。

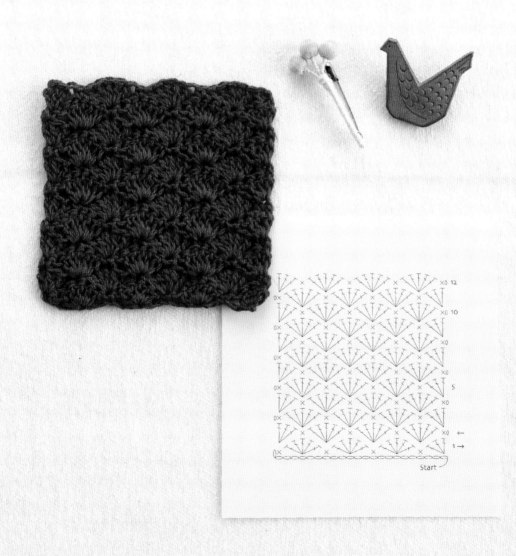

锁针

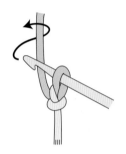

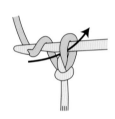

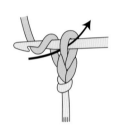

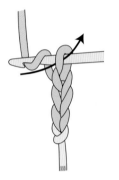

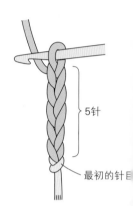

5针

最初的针目

1 如箭头所示在针头挂线。

2 如箭头所示拉出。第1针锁针完成。

3 用相同方法，如箭头所示引拔。第2针完成。

4 重复相同操作，继续钩织。

5 完成5针锁针后的状态。最初的针目以及挂在针上的线圈不计入针数。

 引拔针　※此处以短针上的引拔针为例进行说明。

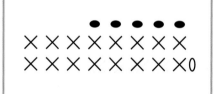

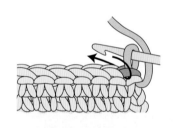

1 如箭头所示在前一行的针目里插入钩针。

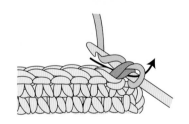

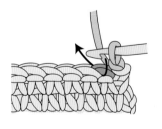

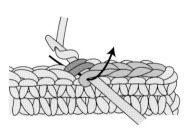

2 在针头挂线，如箭头所示一次性引拔。

3 1针引拔针完成后的状态。第2针也一样，如箭头所示插入钩针，挂线引拔。

4 重复相同操作，继续钩织引拔针。

狗牙针

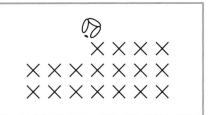

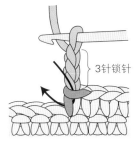

1　钩3针锁针，如箭头所示在短针里插入钩针。

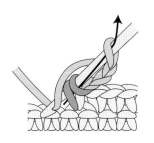

2　在针头挂线，如箭头所示一次性引拔。

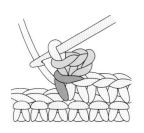

3　3针锁针的狗牙针完成。

 短针

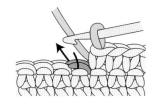

1　如箭头所示，在前一行的针目里插入钩针。

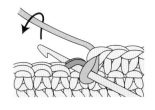

2　如箭头所示在针头挂线。

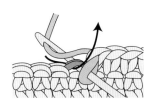

3　如箭头所示拉出。

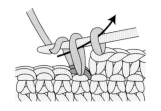

4　在针头挂线，如箭头所示一次性引拔。

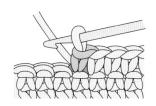

5　短针完成。

短针的条纹针

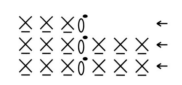

※ $\bar{T}$ 和 $\bar{T}$ 等短针以外的条纹针也按相同要领插入钩针，钩织中长针和长针。

※ "条纹针"和"棱针"（p.129）使用相同的针法符号 ╳ 。它们的钩织方法相同（都是在前一行针目头部的后面 1 根线里挑针钩织），"条纹针"是环形编织时的名称，"棱针"是往返编织时的名称，织物正面的针目状态不同。

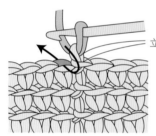

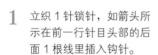

1 立织 1 针锁针，如箭头所示在前一行针目头部的后面 1 根线里插入钩针。

立织的1针锁针

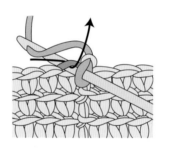

2 在针头挂线，如箭头所示拉出。

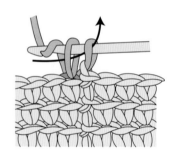

3 在针头挂线，如箭头所示一次性引拔。

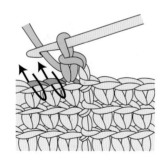

4 1 针短针的条纹针完成后的状态。下一针也用相同方法插入钩针钩织。

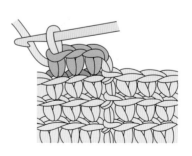

5 前一行针目头部的前面 1 根线呈条纹状。

短针的棱针

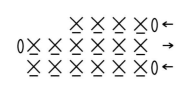

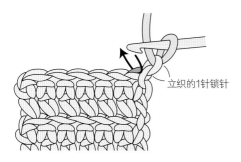

1 立织1针锁针，如箭头所示在前一行针目头部的后面1根线里插入钩针。

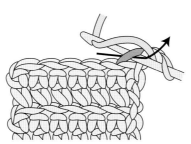

2 在针头挂线，如箭头所示拉出。

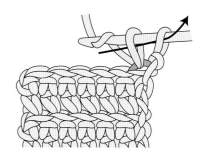

3 在针头挂线，如箭头所示一次性引拔。

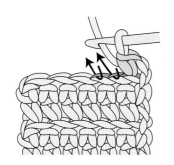

4 1针短针的棱针完成。下一针也用相同方法插入钩针钩织。

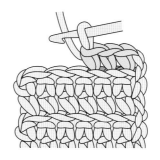

5 往返编织时，每行都在前一行针目头部的后面1根线里插入钩针钩织，织物呈凹凸相间的棱纹。

反短针

※看着织物的正面，从左向右钩织。

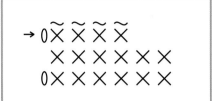

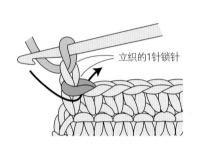

1 看着织物的正面立织 1 针锁针，如箭头所示插入钩针。

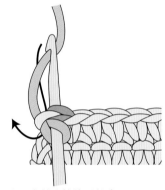

2 在针头挂线后拉出。

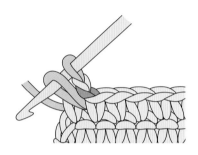

3 拉出线后的状态。

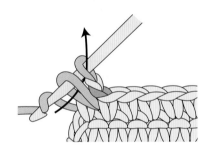

4 在针头挂线，如箭头所示一次性引拔。

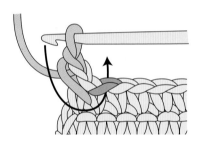

5 1 针反短针完成后的状态。接着如箭头所示插入钩针。

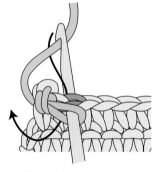

6 在针头挂线后拉出。

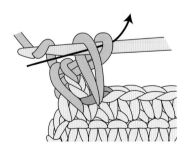

7 在针头挂线，一次性引拔。第 2 针完成。

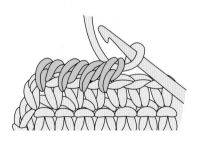

8 重复步骤 5 ~ 7，继续钩织。

T 中长针

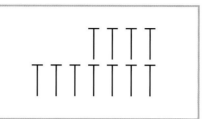

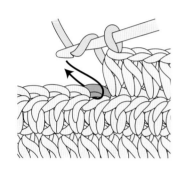

1 在针头挂线，如箭头所示在前一行针目里插入钩针。

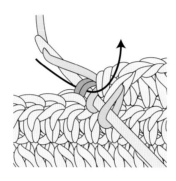

2 在针头挂线，如箭头所示拉出。

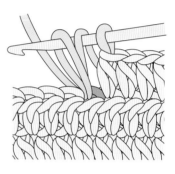

3 拉出线后的状态。(将线稍微拉长一点。)

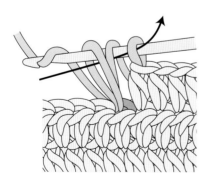

4 在针头挂线，一次性引拔。

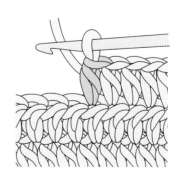

5 中长针完成。

 长针

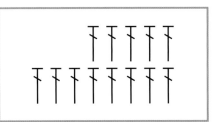

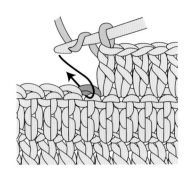

1 在针头挂线,如箭头所示在前
一行针目里插入钩针。

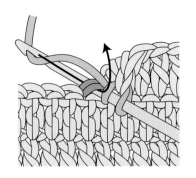

2 在针头挂线,如箭头所示
拉出。

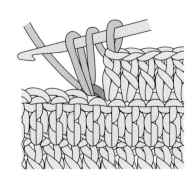

3 拉出线后的状态。

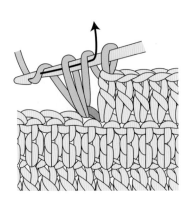

4 在针头挂线,如箭头所示引拔
穿过2个线圈。

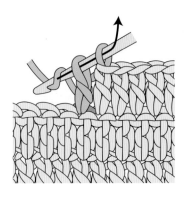

5 在针头挂线,如箭头所示
引拔穿过剩下的2个线圈。

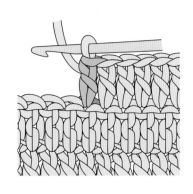

6 长针完成。

长长针

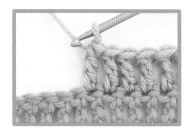

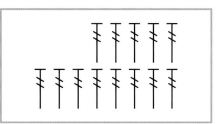

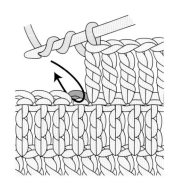

1　在针头绕2次线，如箭头所示在前一行针目里插入钩针。

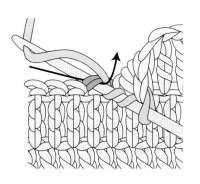

2　在针头挂线，如箭头所示拉出。

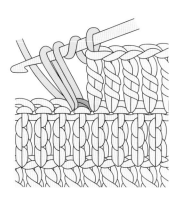

3　拉出线后的状态。

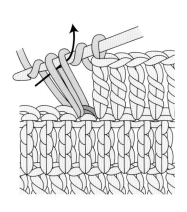

4　在针头挂线，如箭头所示引拔穿过2个线圈。

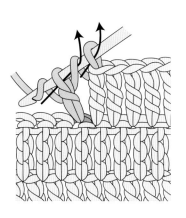

5　接着在针头挂线，依次引拔穿过2个线圈。

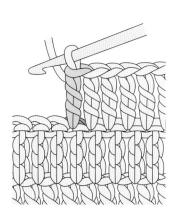

6　长长针完成。

3卷长针

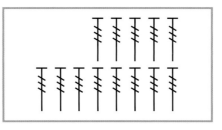

※4卷及以上的长针在针头绕指定次数的线，也用相同方法钩织。

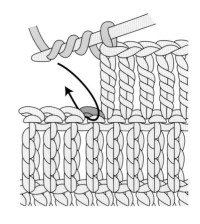

1 在针头绕3次线，如箭头所示在前一行针目里插入钩针。

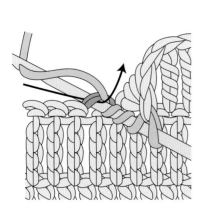

2 在针头挂线，如箭头所示拉出。

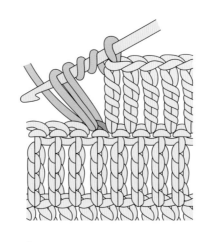

3 拉出线后的状态。

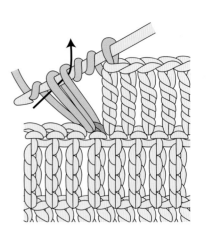

4 在针头挂线，如箭头所示引拔穿过2个线圈。

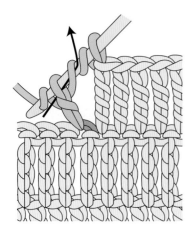

5 在针头挂线，如箭头所示引拔穿过2个线圈。

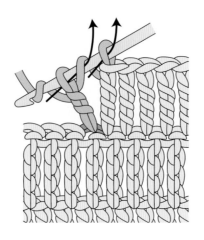

6 接着在针头挂线，依次引拔穿过2个线圈。

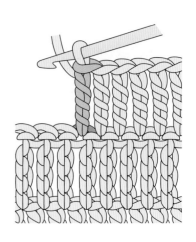

7 3卷长针完成。

1针放2针短针

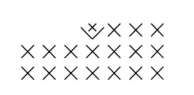

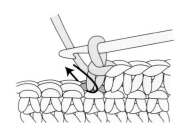

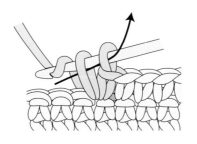

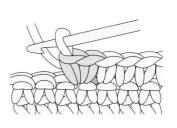

1 钩1针短针，如箭头所示在前一行的同一个针目里插入钩针，将线拉出。

2 在针头挂线，如箭头所示引拔。

3 在同一个针目里钩入了2针短针。

 # 1针放3针短针

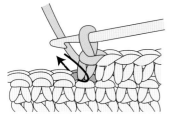

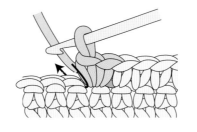

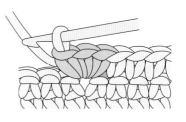

1 钩1针短针，如箭头所示在前一行的同一个针目里插入钩针，再钩1针短针。

2 用相同方法在同一个针目里插入钩针，再钩1针短针。

3 在同一个针目里钩入了3针短针。

1针放2针长针 ※ 与 的挑针方法不同，参照p.145。

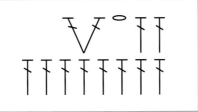

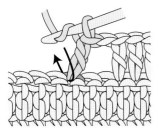

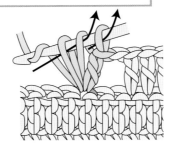

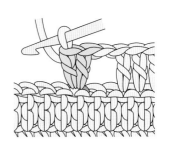

1 钩1针长针。在针头挂线，如箭头所示在前一行的同一个针目里插入钩针，将线拉出。

2 在针头挂线，依次引拔穿过2个线圈，钩1针长针。

3 在同一个针目里钩入了2针长针。

 1针放3针长针 ※ 与 的挑针方法不同，参照p.145。

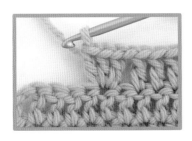

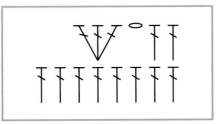

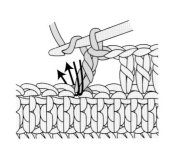

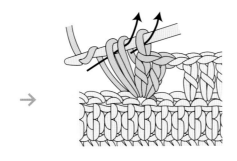

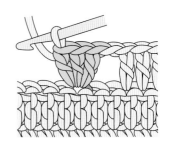

1 钩1针长针。接着在针头挂线，如箭头所示在前一行的同一个针目里插入钩针，再钩2针长针。

2 在同一个针目里钩入了3针长针。

1针放5针长针

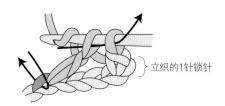

立织的1针锁针

1 钩1针立起的锁针和1针短针，接着在第4针锁针里钩入5针长针。

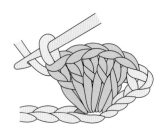

2 在同一个针目里钩入5针长针后的状态。

松叶针花样

下面介绍由"1针放5针长针"组成的松叶针花样的钩织方法。

1 钩1针立起的锁针和1针短针，接着在第4针锁针里钩入5针长针。

2 如箭头所示在第4针锁针里插入钩针，钩1针短针。

3 1针短针完成后的状态。用相同方法重复"5针长针、1针短针"，钩织第1行。

立织的3针锁针

4 下一行立织3针锁针，如箭头所示在前一行短针的头部插入钩针，钩2针长针。

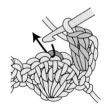

5 2针长针完成后的状态。如箭头所示在前一行5针长针的中间一针里插入钩针，钩1针短针。

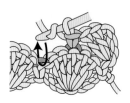

6 1针短针完成后的状态。在针头挂线，如箭头所示在前一行的短针头部插入钩针，钩5针长针。

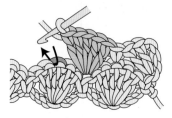

7 钩入5针长针后的状态。重复步骤 **5**、**6** 继续钩织。

2针短针并1针

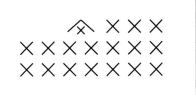

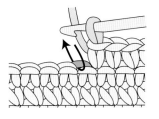

1 如箭头所示在前一行的针目里插入钩针，将线拉出。

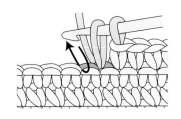

2 如箭头所示再在下一个针目里插入钩针，将线拉出。

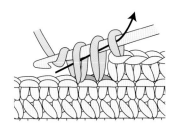

3 在针头挂线，如箭头所示一次性引拔。

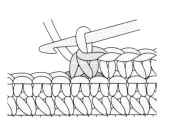

4 2针短针并1针完成。

3针短针并1针

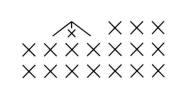

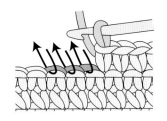

1 如箭头所示在前一行的针目里插入钩针，依次拉出3个线圈。

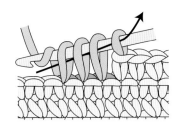

2 在针头挂线，如箭头所示一次性引拔。

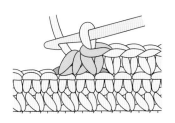

3 3针短针并1针完成。

2针中长针并1针

※"未完成"是指再引拔1次就能完成针目的状态。

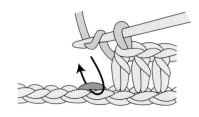

1 在针头挂线，如箭头所示插入钩针后将线拉出。（将线稍微拉长一点。）

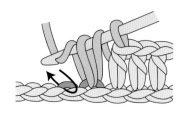

2 钩1针未完成的中长针后的状态。在针头挂线，如箭头所示插入钩针，用相同方法将线拉出。

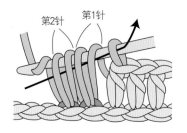

第2针　第1针

3 钩2针未完成的中长针后的状态。在针头挂线，如箭头所示一次性引拔。

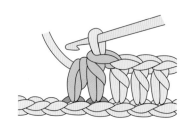

4 2针中长针并1针完成。

3针中长针并1针

※"未完成"是指再引拔1次就能完成针目的状态。

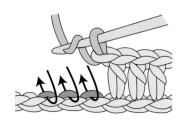

1 在针头挂线，如箭头所示插入钩针后将线拉出，依次钩3针未完成的中长针。（将线稍微拉长一点。）

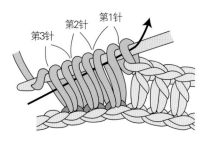

第3针　第2针　第1针

2 钩3针未完成的中长针后的状态。在针头挂线，如箭头所示一次性引拔。

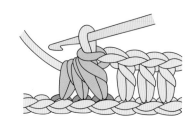

3 3针中长针并1针完成。

2针长针并1针

※ "未完成"是指再引拔1次就能完成针目的状态。

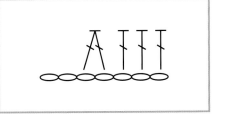

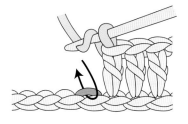

1　在针头挂线，如箭头所示插入钩针，钩1针未完成的长针。

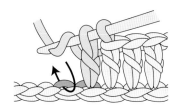

2　在针头挂线，如箭头所示插入钩针，再钩1针未完成的长针。

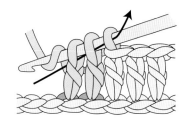

3　在针头挂线，如箭头所示一次性引拔。

4　2针长针并1针完成。

 3针长针并1针

※ "未完成"是指再引拔1次就能完成针目的状态。

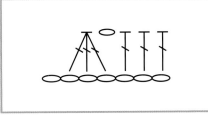

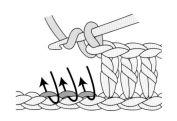

1　在针头挂线，如箭头所示插入钩针，依次钩3针未完成的长针。

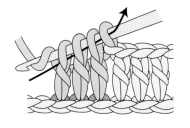

2　钩3针未完成的长针后的状态。在针头挂线，如箭头所示一次性引拔。

3　3针长针并1针完成。

1针长针的左上交叉

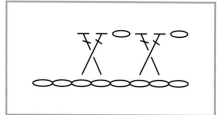

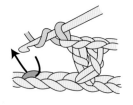

1　如箭头所示插入钩针，钩织交叉在上方的长针。

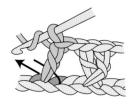

2　在针头挂线，如箭头所示在右侧锁针里插入钩针，从步骤1的长针后面将线拉出。

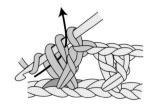

3　在针头挂线，如箭头所示引拔穿过2个线圈。

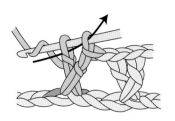

4　再次在针头挂线，如箭头所示引拔穿过剩下的2个线圈。

1针长针的右上交叉

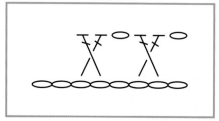

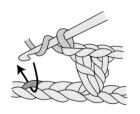

1　如箭头所示插入钩针，钩织交叉在下方的长针。

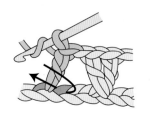

2　在针头挂线，如箭头所示在右侧锁针里插入钩针，从步骤1的长针前面将线拉出。

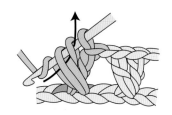

3　在针头挂线，如箭头所示引拔穿过2个线圈。

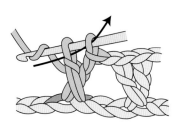

4　再次在针头挂线，如箭头所示引拔穿过剩下的2个线圈。

1针和3针长针的左上交叉

1针和3针长针的右上交叉

1　钩织交叉在上方的长针，接着如箭头所示插入钩针，依次钩3针交叉在下方的长针。

2　在针头挂线，如箭头所示插入钩针，依次钩3针长针。

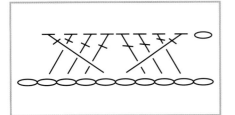

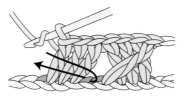

3　交叉在下方的3针长针完成。接着在针头挂线，如箭头所示插入钩针后将线拉出。

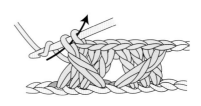

4　在下方3针长针的前面钩1针长针。

1针长针交叉

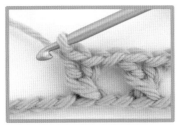

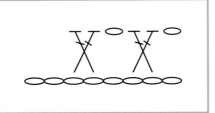

1　在针头挂线，如箭头所示在交叉针左侧的锁针里插入钩针，钩织长针。

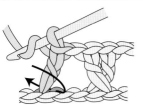

2　在针头挂线，如箭头所示插入钩针，包住步骤1的长针将线拉出。

3　在针头挂线，如箭头所示引拔穿过2个线圈。

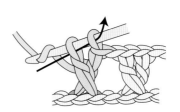

4　再次在针头挂线，如箭头所示引拔穿过剩下的2个线圈。

143

3针中长针的枣形针

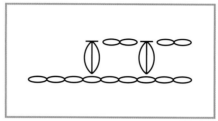

※ 与 的挑针方法不同，参照p.145。

※ "未完成"是指再引拔1次就能完成针目的状态。

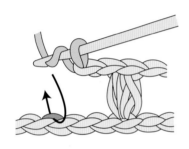

1 在针头挂线，如箭头所示插入钩针后将线拉出。（将线拉得稍微长一点。）

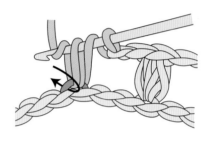

2 钩1针未完成的中长针后的状态。接着在针头挂线，在步骤1同一个针目里插入钩针，将线拉出。

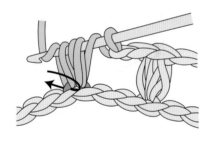

3 钩2针未完成的中长针后的状态。再次在针头挂线，如箭头所示在同一个针目里插入钩针，将线拉出。

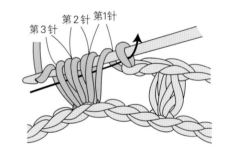

4 钩3针未完成的中长针后的状态。在针头挂线，如箭头所示一次性引拔。

5 3针中长针的枣形针完成。

分开针目挑针与整段挑针的区别

在同一个位置钩入 2 针及以上的针目时，针法符号的下端有"闭合"和"分开"两种情况。
这两种情况的区别在于：在前一行挑针钩织时，是分开针目挑针，还是整段挑针。

➡ 参照 p.41"整段挑针"

分开针目挑针	整段挑针

符号下端呈闭合状态。
分开前一行的 1 个针目挑针，钩入指定针数。

符号下端呈分开状态。
整段挑起前一行的锁针，钩入指定针数。

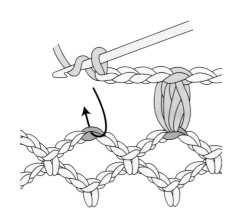　　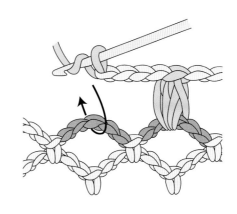

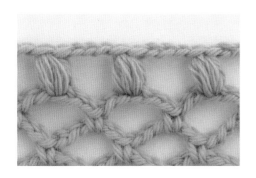　　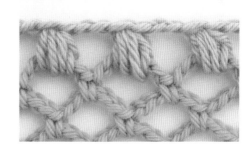

3针长针的枣形针

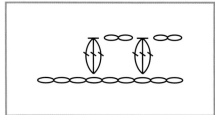

※ 与 的挑针方法不同，参照p.145。

※ "未完成"是指再引拔1次就能完成针目的状态。

1 在针头挂线，如箭头所示插入钩针后将线拉出。

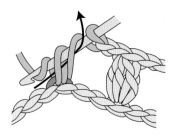

2 在针头挂线，如箭头所示引拔穿过2个线圈，钩织未完成的长针。

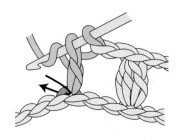

3 钩1针未完成的长针后的状态。接着在针头挂线，在同一针目里再钩1针未完成的长针。

4 钩2针未完成的长针后的状态。用相同方法，在同一个针目里再钩1针未完成的长针。

5 钩3针未完成的长针后的状态。在针头挂线，如箭头所示一次性引拔。

6 3针长针的枣形针完成。

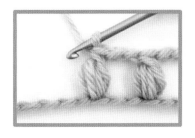

变化的3针中长针的枣形针

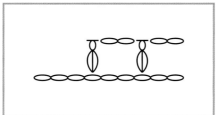

※ 与 的挑针方法不同，参照p.145。

※ "未完成"是指再引拔1次就能完成针目的状态。

1 在针头挂线，如箭头所示插入钩针后将线拉出。（将线拉得稍微长一点。）

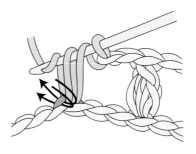

2 钩1针未完成的中长针后的状态。接着在针头挂线，在步骤1同一个针目里插入钩针，再拉出2次线。

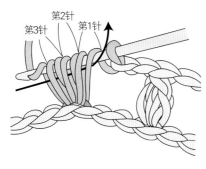

第3针　第2针　第1针

3 钩3针未完成的中长针后的状态。在针头挂线，如箭头所示仅在中长针部分引拔。

4 在针头挂线，如箭头所示引拔穿过剩下的2个线圈。

5 变化的3针中长针的枣形针完成。

5针长针的爆米花针

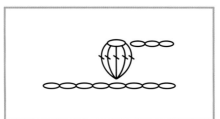

※  与 的挑针方法不同，参照p.145。

1 在前一行的同一个针目里钩入5针长针。

2 暂时取下钩针上的线圈，在第1针长针的头部2根线里插入钩针。接着如箭头所示，在刚才取下的线圈里再次插入钩针。

3 如箭头所示将针头的线圈拉出。

4 在针头挂线，如箭头所示引拔，收紧针目。

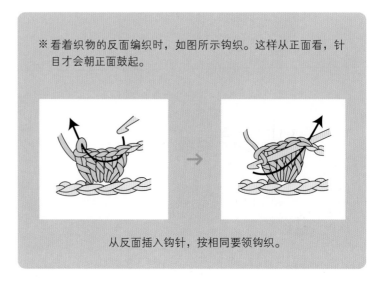

※ 看着织物的反面编织时，如图所示钩织。这样从正面看，针目才会朝正面鼓起。

从反面插入钩针，按相同要领钩织。

5 5针长针的爆米花针完成。

短针的圈圈针

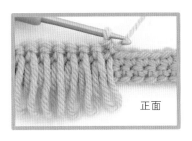

正面

反面

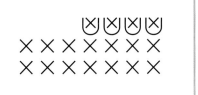

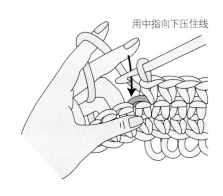

用中指向下压住线

1　用左手的中指将线向下压出一个线圈的长度。

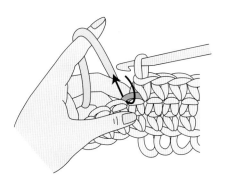

2　如箭头所示插入钩针，压住线圈的状态下钩织短针。

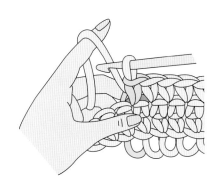

3　短针完成后，从线圈上抽出中指。线圈出现在织物的后面。

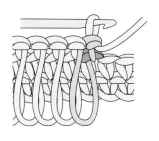

4　将线圈所在的一面当作织物的正面。

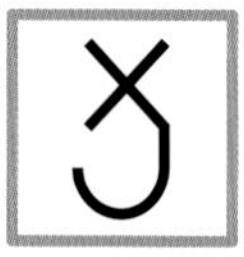

短针的正拉针

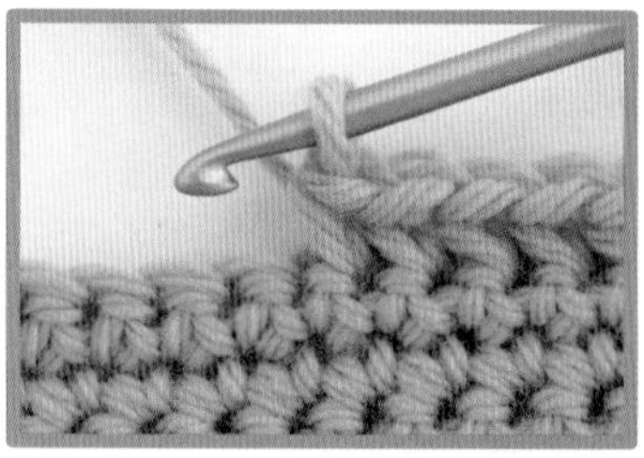

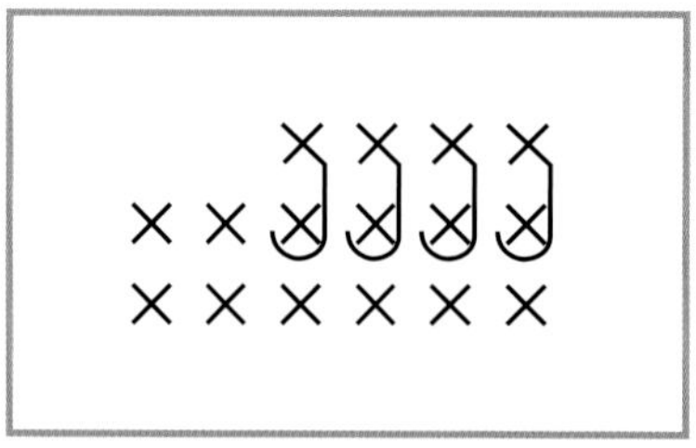

※看着织物的反面编织时，钩织短针的反拉针（参照p.151）。这样从正面看上去就是短针的正拉针。

➡参照p.156“拉针的钩织要点”

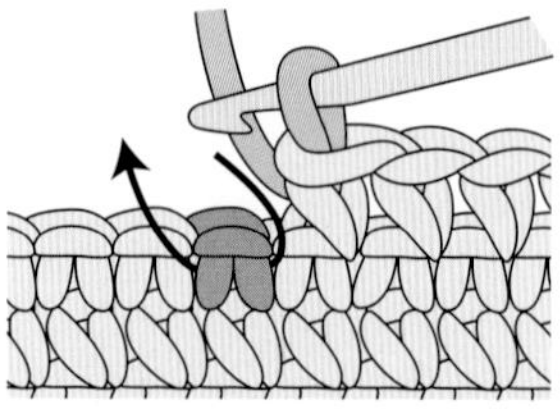

1 如箭头所示，从织物的前面插入钩针挑取前一行针目的根部。

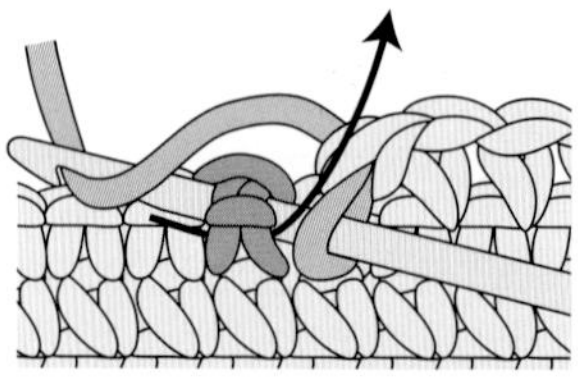

2 在针头挂线，如箭头所示拉出。

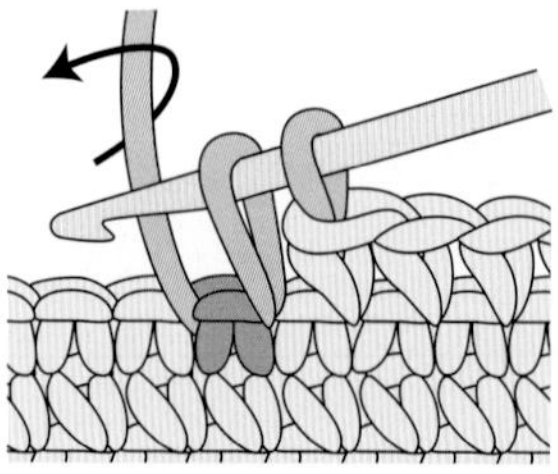

3 拉出线后的状态。如箭头所示在针头挂线。

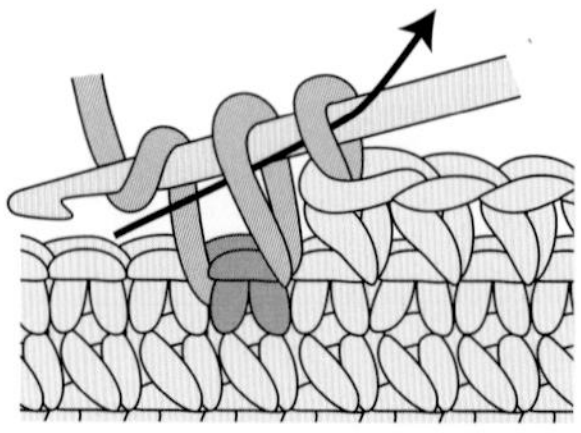

4 如箭头所示一次性引拔。

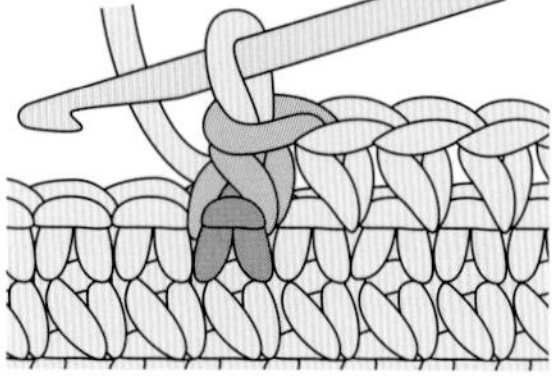

5 短针的正拉针完成。

短针的反拉针

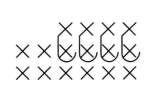

※看着织物的反面编织时，钩织短针的正拉针 ƻ（参照p.150）。这样从正面看上去就是短针的反拉针 Ɔ。

➡参照p.156"拉针的钩织要点"

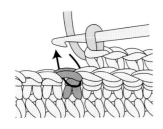

1　如箭头所示，从织物的后面插入钩针挑取前一行针目的根部。

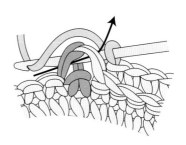

2　在针头挂线，如箭头所示拉出。

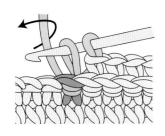

3　拉出线后的状态。如箭头所示在针头挂线。

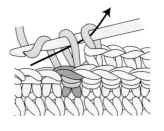

4　如箭头所示一次性引拔。

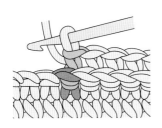

5　短针的反拉针完成。

 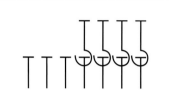

中长针的正拉针

※ 看着织物的反面编织时，钩织中长针的反拉针 ʃ（参照p.153）。这样从正面看上去就是中长针的正拉针 ʃ。

➡ 参照p.156 "拉针的钩织要点"

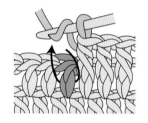

1 在针头挂线，如箭头所示从织物的前面插入钩针挑取前一行针目的根部。

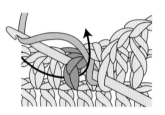

2 在针头挂线，如箭头所示拉出。

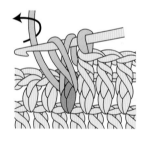

3 拉出线后的状态。如箭头所示在针头挂线。

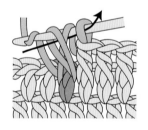

4 如箭头所示一次性引拔。

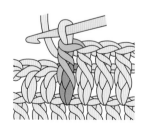

5 中长针的正拉针完成。

中长针的反拉针

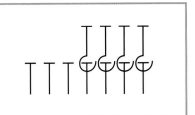

※看着织物的反面编织时，钩织中长针的正拉针 ∫（参照p.152）。这样从正面看上去就是中长针的反拉针 ∫。

➡参照p.156"拉针的钩织要点"

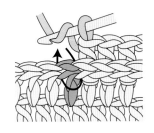

1 在针头挂线，如箭头所示从织物的后面插入钩针挑取前一行针目的根部。

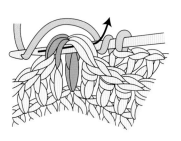

2 在针头挂线，如箭头所示拉出。

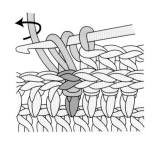

3 拉出线后的状态。如箭头所示在针头挂线。

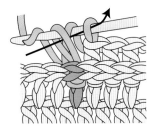

4 如箭头所示一次性引拔。

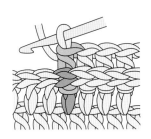

5 中长针的反拉针完成。

长针的正拉针

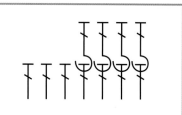

※看着织物的反面编织时，钩织长针的反拉针
$\mathfrak{F}$（参照p.155）。这样从正面看上去就是长
针的正拉针$\mathfrak{F}$。

➡参照p.156"拉针的钩织要点"

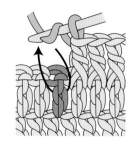

1　在针头挂线，如箭头所示
　从织物的前面插入钩针挑
　取前一行针目的根部。

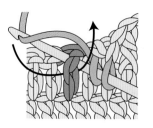

2　在针头挂线，如箭头所示拉出。

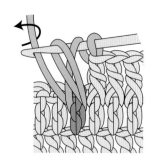

3　拉出线后的状态。如箭头
　所示在针头挂线。

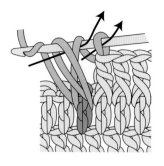

4　如箭头所示，依次引拔
　穿过2个线圈。

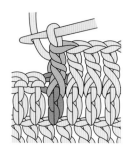

5　长针的正拉针完成。

长针的反拉针

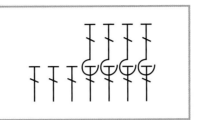

※看着织物的反面编织时，钩织长针的正拉针 ∫（参照p.154）。这样从正面看上去就是长针的反拉针 ∫。

→参照p.156 "拉针的钩织要点"

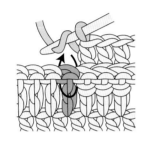

1　在针头挂线，如箭头所示从织物的后面插入钩针挑取前一行针目的根部。

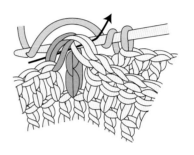

2　在针头挂线，如箭头所示拉出。

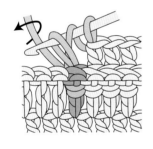

3　拉出线后的状态。如箭头所示在针头挂线。

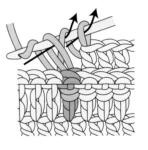

4　如箭头所示，依次引拔穿过2个线圈。

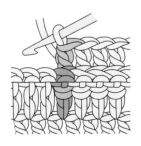

5　长针的反拉针完成。

拉针的钩织要点

往返编织时拉针的钩织技巧

编织符号图中的符号表示的是从织物正面看到的状态。

总是看着正面做环形编织时，每行按编织符号图中的符号钩织。

交替看着正、反面做往返编织时，看着反面编织的行实际上按相反的符号钩织。

（即，"正拉针"钩织成"反拉针"，"反拉针"钩织成"正拉针"。）

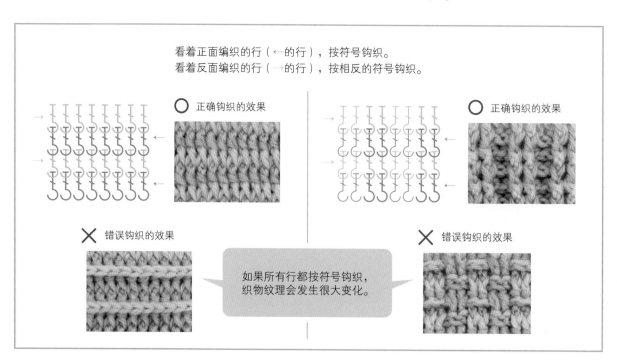

看着正面编织的行（←的行），按符号钩织。
看着反面编织的行（→的行），按相反的符号钩织。

○ 正确钩织的效果

○ 正确钩织的效果

✕ 错误钩织的效果

✕ 错误钩织的效果

如果所有行都按符号钩织，织物纹理会发生很大变化。

从前2行挑针钩织拉针的情况

跳过前一行，在前2行针目的根部插入钩针，长长地拉出线钩织。

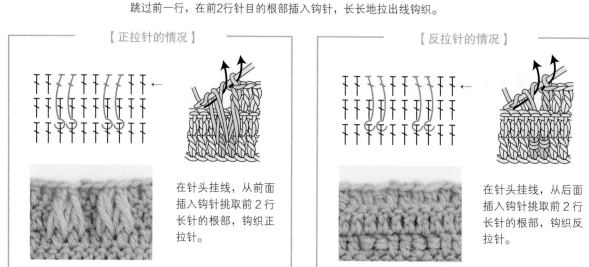

【正拉针的情况】

在针头挂线，从前面插入钩针挑取前2行长针的根部，钩织正拉针。

【反拉针的情况】

在针头挂线，从后面插入钩针挑取前2行长针的根部，钩织反拉针。

索引

索引列出了所有与针法相关的词条以及其他重要词条。

备案号：豫著许可备字-2022-A-0095

图书在版编目（CIP）数据

超详解钩针编织基础/日本靓丽社编著；蒋幼幼译. —郑州：河南科
学技术出版社，2023.11

ISBN 978-7-5725-1325-1

Ⅰ.①超… Ⅱ.①日… ②蒋… Ⅲ.①钩针-编织 Ⅳ.①TS935.521

中国国家版本馆CIP数据核字（2023）第184437号

好书推荐

出版发行：河南科学技术出版社

地址：郑州市郑东新区祥盛街27号　　邮编：450016

电话：（0371）65737028　　65788613

网址：www.hnstp.cn

策划编辑：余水秀

责任编辑：余水秀

责任校对：王晓红

封面设计：张　伟

责任印制：张艳芳

印　　刷：河南新达彩印有限公司

经　　销：全国新华书店

开　　本：889 mm×1 194 mm　1/16　　印张：10　　字数：300千字

版　　次：2023年11月第1版　　2023年11月第1次印刷

定　　价：59.00元

如发现印、装质量问题，影响阅读，请与出版社联系并调换。